文理閣

海兵隊と在日米軍基地　目次

第二章　海兵隊キャンプ――女性と子どもたち

第三章　演習場―米兵犯罪と演習被害

第四章　航空基地―騒音と航空機事故

第五章　基地への抵抗

序章　分断された「本土」と沖縄

相次ぐ航空機事故の中で

朝鮮半島情勢が緊迫する中、二〇一六年末から沖縄では海兵隊機などの航空機事故が相次いだ。小野寺五典《いつのり》防衛相（当時）によると、一七年だけで在日米軍の航空機やヘリコプターの事故は二五件発生し、一六年（一一件）の倍以上に達している。(1)また、沖縄県によると、普天間《ふてんま》基地（宜野湾市《ぎのわんし》）所属機だけでも一七年一月から翌年一月の一年間だけで一〇件の事故が起きている。(2)一七年一二月七日には、宜野湾市の緑ヶ丘保育園の屋根に海兵隊ヘリコプターCH53のものと思われる円筒形の部品が落下しているのが発見された。米軍側は米軍機からの部品の落下を否定したが、同日の午前一〇時二〇分ごろトタン屋根にドスンと物が当たる大きな音がし、同じ時間帯に同機が幼稚園の上空を飛行しているのが確認されている。また、この事故から一週間もたたない一三日の午前、宜野湾市立普天間第二小学校のグラウンドにCH53から窓枠が落下し、体育の授業中だった四年生の男児の手に落下物の影響で飛んだ石が当たって、怪我を負った。〇四年の沖縄国際大学への海兵隊ヘリコプター墜落事件を受け、〇八年に日米は学校上空を避ける普天間基地への離発着経路を確認していた。この日米合意が踏みにじられたあげくの果ての事故だった。

保育園や小学校への相次ぐ海兵隊機の事故を受けて、普天間第二小学校や緑ヶ丘保育園の関係者によってシンポジウムが開催された。(3)このシンポジウムで普天間バプテスト教会牧師・緑ヶ丘保育園園長の神谷武宏さんは、スライド写真を使いながら事故の様子を次のように語った（以下、引用内の〔　〕は筆者による。また、必要に応じて旧字体を新字体に改め、ルビをふるなどした）。

一二月七日に、午前一〇時二〇分ごろ、こんなものが落ちてきました。筒状のガラスの透明なようなものです。長さ約一〇cm、直径八cm、厚さ八mm、重さ二一三gの物が、ドンという激しい音をたてて落ちてきました。これはトタンのへこみです。このトタンは、わりと厚めのトタンなんですよ。このトタンにこれだけのへこみができるということは、よほどな勢い、よほどな圧がかかったことが考えられます。

当時、園庭には、二歳児、三歳児クラスの園児たちが二〇名ぐらい遊んでいました。四歳児、五歳児クラスの園児たちは、園舎の中で一週間後に迫るクリスマスの聖誕劇の練習をしていたのです。讃美歌の練習をし、劇の練習をしていました。そして、一週間後にせまるクリスマスをみんなで楽しみに待っていたんです。そんなクリスマスへの思いを踏みにじるかのように、この落下物事故は起きたのです。

落下物が落ちた屋根の下には、一歳児クラスの園児が八人、先生方が二人いました。これから園庭に出て遊ぼうとしていたときだったんです。ドンという音がして、子どもたちも先生方もビクッとして声をあげて驚きました。一人の先生は、すぐにヘリから何かが落ちたと感じ取ります。その日は朝から、オスプレイやヘリがよく飛んでいましたから、そのヘリが飛ぶ音と同時にドンという音がしたので、ヘリのプロペラが落ちてきたかと思いました。それぐらいの衝撃を感じたのです。ドンと激しい音がしたときに、園庭にいた先生が、その物体が大きく屋根の上で跳ね上がったのを見ています。園庭のすぐそばにはゲートボール場がありますが、おじいちゃんたちも、ドンという音とともに物体が跳ね上がるのを見ています。わずか園庭まで五〇cmの所に落ちたのです。一歳児たちが起ち上がって今から出ようとしたときに、ドンという音がした。

驚きました。

神谷園長は、報告の最後を次の訴えで締めくくった。

沖縄がいまだ占領地であるかのように感じられてなりません。しかし沖縄もまた、日本国憲法の下にあるはずです。基本的人権、命の尊厳は保障されているはずです。人間が人間らしく、安全が保障されている空の下で自由に遊び、生活できる保障がされているはずです。何も落ちてこない平和な空を、日本政府は日本国憲法に則って、日本の人たちの命に向き合い、沖縄の人たちの命に向き合う義務を果たすべきですね。

この神谷園長の声は、日本「本土」の人々に届くことはなかった。事故が報道されると、被害者であるはずの小学校や保育園へのいやがらせが相次いだ。事故直後から普天間第二小学校には「やらせじゃないのか」という電話がかかりはじめ、宜野湾市教委にも男性の声で「学校は基地の後から建てたんだろう。事故は市教委のせいだ」という電話が入った。一二月一八日に「〔小学校〕上空は最大限飛ばない」と謝罪した米海兵隊幹部に対して、同小学校校長が「最大限では困る」と訴えた。これが報道されると、小学校の電話は鳴り続いた。東京在住を自称する男性は、「戦闘機と共に生きる道を選んだくせに文句を言うな」と電話口で言い放った(4)。普天間第二小学校は、何も好き好んで基地に隣接する場所に建てられたわけではない。同校は、児童数が限界に近づいていた普天間小学校から一九六九年に分離開校したが、市の中心部を基地に取られた宜野湾市では、ここにしか小学校を建設する用地を確保することができなかったのである。

また、緑ヶ丘保育園を運営する普天間バプテスト教会にも、同様のいやがらせ電話やメールが殺到した。先のシンポジウムで、神谷武宏さんは次のように憤る。

私たちの教会への誹謗中傷の電話やメールが殺到しています。こういう誹謗中傷を直接、受けるということは、本当にダメージを受けます。でもメールはまだいいんです。見なきゃいいですから。ですけど、電話は本当に困ります。朝早くから電話がかかるわけです。ご父母からの電話かもと思って、必ず取ります。そうすると、怒鳴るように誹謗中傷を言ってくるわけです。それが多いときには一〇件から二〇件。私は普段は教会の仕事があるんですが、この期間は下に降りて、ずっと電話の対応をしていました。私が取った電話の一つを紹介しますと、怒鳴るように話してくるわけです。お前らがヘリを飛ばすなといったら、誰が日本を守るのかと怒鳴るんです。北朝鮮のミサイルから誰が守るんだ、そんなことを言うわけです。返答させないぐらいに言ってくるんです。どこから電話しているんですかって、最初に聴きました。そうしたら、うま市から電話しているんだと。沖縄の方なんだなぁと私は思いました。沖縄の方ですかと聞くと、それには答えません。声を聞いていると、沖縄の人ではないなぁと思いました。最後にはこの人は親御さんと子どものことを非難してきたものだから、私はカチンときましてね、怒鳴ったんですよ。そしたら、相手はしゅんとしました。それを聞いて、保育園は女性の職場だからこのような電話が来るのかと思いました。電話はほぼ男性です。本当に、そのことにも腹立たしく思いますし。最後に、お宅はどちらの方ですかと言ったら、「ワシは江戸っ子じゃ」と言ったんですよ。

小学校や保育園が、子どもたちの命を第一に考えて行動するのは当然のことである。必死に子どもたちの命を守ろうとする小学校や保育園を誹謗中傷する理不尽な攻撃は、憎悪犯罪（ヘイトクライム）でしかない。

とまらない沖縄への憎悪

一九九五年九月四日、キャンプ・ハンセン（沖縄県名護市、宜野座村《ぎのざそん》、恩納村《おんなそん》、金武町《きんちょう》）に駐留する海兵隊員二名と海軍兵一名による一二歳の小学生女児に対する拉致・集団強かん事件が引き起こされると、沖縄で反米軍基地感情が高まった。対応を迫られた日米両政府は九六年四月、代替施設を条件に普天間基地の返還に合意する。普天間基地の移設先は、二〇〇五年に名護市辺野古《へのこ》にあるキャンプ・シュワブ沿岸部に建設することに日米両政府は一致した。一三年一二月二七日には「普天間基地の県外移設」を公約していた仲井真弘多《なかいまひろかず》知事が、一転して辺野古への基地建設の埋め立てを承認する。しかし、一四年一一月の知事選で仲井真を破って翁長雄志《おながたけし》が当選した。自民党沖縄県連幹事長や那覇市長などを歴任した保守政治家である翁長は、「イデオロギーよりアイデンティティ」をスローガンに保守革新を貫く「オール沖縄」をまとめあげ、辺野古の新基地建設を強行しようとする安倍政権と激しく対峙する。沖縄が強権的な日本政府にあらがえばあらがうほど、日本「本土」での沖縄への憎悪は強まっていった。

安倍晋三首相に近い自民党の若手議員約四〇人が、二〇一五年六月二五日に開いた改憲を推進する勉強会「文化芸術懇話会」では、出席議員から沖縄の地元紙が政府に批判的だとの意見が出され、講師に招かれていた百田《ひゃくた》尚樹は「沖縄の二つの新聞はつぶさないといけない。あってはいけないことだが、沖縄のどこかの島が中国に取られれば目を覚ますはずだ」と主張した。出席した議員も、「沖縄のゆがんだ世論を正しい方向に持っていくためには、どのようなアクションを起こされるか。左翼勢力に完全に乗っ取られているなか、大事な論点だ」（長尾敬《たかし》衆院議員）などと述べた。さらに百田は、「〔普天間基地は〕もともと田んぼの中にあった。基地の周りに行けば商売になるということで人が住みだした」とも述べた[5]。百田のこの普天間基地についての発言は明らかな事実誤認である。普天間基地のあった場所は一万四〇〇〇人が暮らしていた宜野湾村の中心地で、役場や学校もあった。沖縄戦によって住民が米軍に収容されている間に、飛行場が建設されたのである（第六章参照）。

北部演習場四〇〇〇haの返還条件として二〇一六年七月から六カ所のオスプレイ離発着地帯の建設が強行され、東村《ひがしそん》高江では、激しい反対運動が取り組まれた。この最中の一〇月一六日、大阪府警の機動隊員が反対運動の参加者に向かって「触るなクソ。どこつかんどんじゃボケ。土人が」と発言し、一八日にも別の機動隊員が「だまれ、こら、シナ人」と発言していることも確認された(6)。

「土人」や「シナ人」という呼称は、戦前から中国人や台湾先住民、そして沖縄の人々に投げつけられてきた差別用語であることは論を俟たない。しかし、沖縄担当相だった鶴保庸介は、一一月八日の参院内閣委員会で「〔「土人」発言は〕差別であると断じることは到底できない」と述べ(7)、二一日の衆議院決算行政委員会で菅義偉《すがよしひで》官房長官も同じく「差別と断定できないというのは政府の一致した見解だ」と答弁した(8)。また、松井一郎大阪府知事（当時）は、二〇一六年一〇月一九日のツイッターに「ネットでの映像を見ましたが、表現が不適切だとしても、大阪府警の警察官が一生懸命命令に従い職務を遂行していたのがわかりました。出張ご苦労様」と投稿し、翌二〇日の記者会見でも「発言は認められないし、反省すべきだ」と強調する一方で、「（発言した隊員）個人を特定して、メディアが鬼畜生のようにたたくのは違うんじゃないかと思う。職務を一生懸命やってきたことは認めたい」と述べた(9)。

沖縄への憎悪は、テレビや新聞でもかきたてられた。二〇一七年一月二日、信じられない内容の番組が地上波で放映される。DHCシアターが制作した東京MXテレビの「ニュース女子」は、デマで塗り固められた沖縄への感情的憎悪番組だった。東京新聞・中日新聞論説副主幹（当時）の長谷川幸洋《ゆきひろ》が番組司会を務め、経済ジャーナリストの須田慎一郎、元経済産業省の岸博幸らが出演し、軍事ジャーナリストの井上和彦が一二月某日に沖縄で「取材」をしたとするVTRを流した。「マスコミが報道しない真実」と題したこのVTRでは、高江の現場から直線距離で二五㎞も離れた名護市の二見杉田トンネル前で「このトンネルをくぐっていきますと、米軍基地の高江へリパッドの建設現場ということになります」とリポートし、「反対派の暴力行為により高江へリパッドには近寄れない」とテロップが流される。また、地元消防署も虚偽だとする「過激派が救急車も止めた」というデマが流され、出所不明の「光広」「2万」の文字が書かれた茶封筒を取り上げて「反対派は日当を貰っている⁉」とテロップを流した。さらに、人権団体「のりこえねっと」が高江に「市民特派員」派遣を呼びかけたビラが紹介されるが、「往復の飛行機代相当、5万円を支給します」という内容を、「びっくりするのは、五万円あげますと書いてあります」と、あたかも派遣が金銭目的であるかのようにねつ造する。スタジオでは辛淑玉《シンスゴ》「のりこえねっと」共同代表を取り上げ、「反対運動を扇動する黒幕の正体は?」とテロップが流された[10]。

当事者には誰一人として取材することなく、沖縄での反基地運動を陥れるためだけに、ありとあらゆるデマを流すねつ造番組だった。放送倫理・番組向上機構（BPO）放送倫理検証委員会は二〇一七年一二月一四日、この番組で放映された内容をほぼ全部にわたって否定し、東京MXテレビに「重大な放送倫理違反があった」とする意見書を公表した[11]。また、翌年三月八日には、同放送人権委員会が人権団体「のりこえねっと」共同代表の辛淑玉の訴えを認め、東京MXテレビの「ニュース女子」に対して「人権侵害がある」として同局に再発防止に努めるよう「勧告」した[12]。

理不尽な沖縄への攻撃は、「社会の木鐸《ぼくたく》」とされる新聞でもおこなわれている。二〇一七年一二月一日早朝、沖縄市の沖縄自動車道で発生した多重衝突事故で、沖縄海兵隊軍曹が後続の海兵隊員の車にはねられ、頭蓋底骨折などの重傷を負った。一二月一二日付『産経新聞』東京本社版は、「自身の車も事故に巻き込まれた軍曹は路肩に車を止めて飛び出し、横転した車両から50代の日本人男性を脱出させた。直後に後方から来た乗用車にはねられた」と伝え、「『反米軍』色に染まる地元メディアは黙殺を決め込んでいる」と『沖縄タイムス』と『琉球新報』の沖縄地元二紙を名指しで非難した。さらに、同月九日の産経新聞ウェブ版は、高木桂一那覇支局長名で沖縄の二紙を「『報道しない自由』を盾に無視を続けるようならメディア、報道機関を名乗る資格はない。日本人として恥だ」と批判した。しかし、沖縄県警を取材した『琉球新報』は、翌年一月三〇日付朝刊で、『産経新聞』記事の海兵隊軍曹が日本人を救出したとする内容を否定する記事を掲載すると、『産経新聞』は二月八日付朝刊で「おわびと削除」を掲載し、沖縄地元二紙と読者への謝罪に追い込まれた。

沖縄から見える日本、日本から見えない沖縄

二〇一三年一月二七日と二八日、海兵隊ＭＶ22オスプレイの普天間基地への配備に反対する沖縄県内の全市町村長と議長（代理を含む）、沖縄県議らが上京し、安倍首相らにオスプレイ配備撤回や普天間基地の県内移設断念などを求める「建白書」を手渡した。開発段階から事故が相次いだオスプレイの配備は、沖縄で暮らす人々の命を脅かすもので、日比谷公園で開催された集会で参加者は「沖縄の痛みを分かち合ってほしい」、「日米安保体制は日本国民全体で考えるべきだ」と訴えた[13]。しかし、この沖縄の必死の訴えに向けられたのは、日本「本土」からの心無い言葉だった。

那覇市長としてこの行動に参加した翁長雄志は、当時のことを次のように記している[14]。

「オスプレイ撤回・東京要請行動」で、私は「日本も変わったな」と感じる状況に直面することになりました。

銀座でプラカードを持ってパレードすると、現場でひどいヘイトスピーチを受けました。巨大な日章旗や

旭日旗、米国旗を手にした団体から「売国奴」「琉球人は日本から出ていけ」「中国のスパイ」などと間近で暴言を浴びせられ続けました。このときは自民党県連も公明党も一緒に行動していました。

驚かされたのは、そうした騒ぎに「何が起きているんだろう?」と目を向けることなく、普通に買い物して素通りしていく人たちの姿でした。まったく異常な状況の中に正常な日常がある。日本の行く末に対して嫌な予感がしました。


沖縄への心無い言葉を公然と吐く者は、日本でもごく一部であろう。しかし、政治の場やテレビ、新聞で公然と沖縄への憎悪が流される背景には、米軍基地が集中する沖縄に対する日本「本土」の無関心があるのではないだろうか。

沖縄の犠牲の上に成り立った日本

保守派の政治学者を代表する一人である五百旗頭《いおきべ》真は、「戦後政治の主流を構成したのは、経済生活の実質を築くことを優先する吉田茂の路線であった」「吉田の路線は、アメリカが主宰する国際的自由貿易体制の恩恵の享受、安全保障の対米依存と軽武装、自由民主主義的政治文化の受容、を可能とするパッケージであった。戦後日本は、良くも悪しくも、この路線のもとで、軽軍備・通商国家として発展することになる」と述べる。(15) この戦後日本の路線は、多くの人々に受け入れられていく。内閣府が二〇一二年に実施した「自衛隊・防衛問題に関する世論調査」での「日米安全保障条約は日本の平和と安全に役立っていると思うか」という問いに対して、実に八一・二%(「役立っている」三六・八%、「どちらかといえば役立っている」四四・四%)が肯定的に捉えている。

五百旗頭の言うように、日米安保体制下でこそ戦後日本が発展できたとするならば、在日米軍の軍事行動の標的になったアジアや中東などの人々と共に、それは在日米軍基地を集中的に押し付けられた沖縄の人々の犠牲の上に成り立ったものだと言わざるを得ない。

沖縄の「島ぐるみ闘争」と結びついた一九五〇年代の反基地運動や沖縄「本土復帰」闘争など、かつては日本「本土」でも沖縄に連帯した激しい政治闘争がたたかわれたはずである。戦後に享受した「豊かさ」の中で、日本「本土」から沖縄は視野外になってしまったのだろうか。相次ぐ国政選挙や知事選挙、そして県民投票で示された普天間基地の名護市辺野古移設に反対する沖縄の民意を、日本社会は一顧だにしていない。

日本「本土」にあった沖縄

基地に苦しむ沖縄の姿は、かつては日本各地で見られたものである。一九四五年、ポツダム宣言受諾により、日本は連合国軍の占領下に置かれた。降伏文書の調印から六日後に米軍を主力とした連合国軍の進駐が本格的に開始され、四五年末にその数は四〇万人以上に及んだ。この下で、日本全土が深刻な基地被害に苦しめられた。五二年にサンフランシスコ講和条約が発効して主権を回復すると、日本「本土」にあった米軍基地は自衛隊に置き換えられ、また沖縄へと移設されることで縮小していく。他方で、講和条約第三条で日本から切り離され、米軍政下に置かれ続けた沖縄は「基地の島」そのものへとつくり変えられていく。

現在、沖縄に駐留する海兵隊も、朝鮮戦争中から日本「本土」に駐留し、地域に甚大な被害を及ぼした。一九五五年から日本「本土」に駐留していた海兵隊は沖縄へ移駐していき、海兵隊が引き起こす基地被害も沖縄へと押し付けられることになった。現在の沖縄の姿は、六五年前の日本全土の様相であったことを忘れてはならない。本書では、海兵隊駐留下の各地の姿を通して、分断された日本「本土」と沖縄の現状について考える一助にしていきたい。

二〇一五年一〇月一三日、仲井真前知事の辺野古における基地建設のための埋め立て承認を取り消した沖縄県知事の翁長雄志は、記者会見で次のように述べた[16]。

〔略〕〇・六％の面積に七四％という過重な負担を沖縄は負わされてきた。なおかつ、戦後の二十数年、日本から切り離されて、日本人でもなくアメリカ人でもなく、法的に守られるものもなにもないまま過ごした時期もあった。そういった中で、沖縄は何を果たしてきたかというと、私が自負もあるし、無念さもあるというのは、日本の戦後の平和、あるいは高度経済成長、そういったこと等を、安全保障とともに、沖縄が保障してきたというような部分が大変多大だと思っている。その中で、沖縄県民の人権や自由や平等、民主主義が認められるようなことがなかったということがある。

〔略〕

今日の記者会見もそうだが、これからもいろんな場所でお知らせして、沖縄問題もさることながら、地方自治の在り方、そして日本の国の民主主義あるいは最近、中央集権みたいな格好になってきたのでこういったことの危険性、日常から非日常に紙一重で変わる一瞬のものを、変わらないところで止めきれるかどうか。過去の歴史からいうと、変わってしまってからでは大変厳しいということになろうかと思うので、そういったことも含めてみんなで議論していけるような、沖縄の基地問題がそういったものに提示できればありがたいなと思っている。

沖縄の声を踏みにじりながら辺野古に基地建設を進める安倍政権と激しく対立しながら、二〇一八年八月に逝去した翁長のこの重い言葉を序章の最後にして、本章に入っていきたい。

(1) 二〇一八年一月二三日付『朝日新聞』朝刊
(2) 二〇一八年二月一七日付『しんぶん赤旗』
(3) シンポジウム「『なんでお空からおちてくるの?』こたえられないわたしたち〜あいつぐ基地をめぐる事件・事故をうけて〜」(二〇一八年四月二八日開催、同実行委員会主催、於・沖縄国際大学)発言の文章化は筆者による——以下同。
(4) 二〇一八年一月二五日付『毎日新聞』朝刊
(5) 『琉球新報』ウェブ版 二〇一五年六月二六日
(6) 「土人」発言についてはYouTubeで閲覧することができる。https://www.youtube.com/watch?v=3bo11W0r71w
(7) 『沖縄タイムス』ウェブ版二〇一六年一一月九日
(8) 『沖縄タイムス』ウェブ版二〇一六年一一月二二日
(9) 『沖縄タイムス』ウェブ版二〇一六年一〇月二〇日
(10) 同番組はYouTubeで閲覧することができる。https://www.youtube.com/watch?v=h91fsca2Ac4
(11) 二〇一七(平成二九)年一二月一四日 放送倫理検証委員会決定 第27号「東京メトロポリタンテレビジョン『ニュース女子』沖縄基地問題の特集に関する意見」放送倫理検証委員会
(12) 二〇一八(平成三〇)年三月八日 放送人権委員会決定 第67号「沖縄の基地反対運動特集に対する申立て」——勧告—— 放送倫理・番組向上委員会[BPO] 放送と人権等権利に関する委員会(放送人権委員会)
(13) 二〇一三年一月二八日付『琉球新報』朝刊
(14) 翁長雄志『戦う民意』(角川書店/二〇一五年)
(15) 五百旗頭真『日米開戦と戦後日本』(講談社学術文庫/二〇〇五年)
(16) 琉球新報社編著『魂の政治家 翁長雄志発言録』(高文研/二〇一八年)

第一章　海兵隊の歴史と日本進駐

1　海兵隊の歴史(1)

海兵隊とは

海兵隊新基地建設で揺れる沖縄県名護市辺野古《へのこ》のキャンプ・シュワブを望む海岸に立つと、強襲揚陸訓練をおこなう海兵隊員の姿を目にすることがある。「侵略殴りこみ部隊」とも表現される海兵隊の任務は、「真っ先に駆けつけてたたかう（first to fight）」という「即応体制」にある。これが可能なのは、米四軍の中で陸海空三軍の機能を兼ね備えたＭＡＧＴＦ（Marine Air-Ground Task Force　海兵空地任務部隊）だけである。

ＭＡＧＴＦは柔軟に編成され、約五万名で編成される最大規模の海兵遠征軍（ＭＥＦ：Marine Expeditionary Force）、次に規模の大きい一万五〇〇〇名規模の海兵遠征旅団（ＭＥＢ：Marine Expeditionary Brigade）、もっとも小さい規模の海兵遠征部隊（ＭＥＵ：Marine Expeditionary Unit）は二二〇〇名ほどで編成される。

第一海兵遠征軍と第三海兵遠征軍は太平洋軍隷下の太平洋海兵隊に属し、それぞれキャンプ・ペンドルトン（米カリフォルニア州）と沖縄のキャンプ・コートニー（うるま市）に指令部を置く。第二海兵遠征軍は大西洋軍隷下の大西洋海兵隊に属し、キャンプ・レジューン（米ノースカロライナ州）に指令部を置いている。

海外に唯一司令部を置く第三海兵遠征軍は、一九六五年にベトナム戦争で編成された第三水陸両用軍（ⅢMAF：The Ⅲ Marine Amphibious Force）が、沖縄に帰還後の八八年に第三海兵遠征軍に格上げされたものである。第三海兵遠征軍と同じくキャンプ・コートニーに指令部を置いて沖縄を中心に展開する第三海兵師団、キャンプ瑞慶覧《ずけらん》（キャンプ・フォスター　沖縄県沖縄市、北谷町《ちゃたんちょう》、北中城村《きたなかぐすくそん》、宜野湾市《ぎのわんし》）に指令部を置き、実戦部隊としては普天間《ふてんま》飛行場（沖縄県宜野湾市）と岩国飛行場（山口県岩国市）に展開する第一海兵航空団、牧港補給地区（沖縄県浦添市《うらそえし》）の第三部隊役務支援群などから編成される。沖縄を中心に駐留する海兵隊部隊は、佐世保基地（長崎県佐世保市）を母港とする第七艦隊の強襲揚陸群と一体になって世界各地の紛争地に投入されている。

海兵隊の創設

「海兵隊」という言葉がはじめて登場するのは一六七二年だが、それ以前にも同様の機能を持った部隊は存在していた。海兵隊の登場は、一五三七年、アメリカ大陸植民地時代のスペインにはじまり、ポルトガル（一六一〇年）、フランス（二二年）、イギリス（六四年）と各国で創設されていった。一七三九年には、アメリカ大陸でイギリスとスペインの「ジェンキンスの耳戦争※」のために海兵隊が編成された。そのうちのひとつの連隊は大陸植民地市民で編成され、「グーチの海兵隊」と呼ばれてイギリス側につき先住民族にその銃口を向けた。アメリカ大陸ではじめての海兵隊部隊だったが、四八年に戦争前の体制に戻すとするアーヘン和約締結で解散した。

※ジェンキンスの耳戦争――イギリス貿易船船長がスペイン官憲によって拘束され、耳を切り落とされたことに端を発し、一七三九年にはじまったイギリスとスペインの戦争。両国は西インド諸島植民地をめぐって争い、四〇年にはじまったヨーロッパにおけるオーストリア継承戦争にも連動した。

イギリスからの独立を目指すアメリカ大陸会議は、一七七五年一一月一〇日、イギリス王立海兵隊海軍を倣って「大陸海兵隊」の創設を決定し、酒場に集まる素人をスカウトして大陸海兵隊を創建した。現在では、この一一月一〇日が海兵隊創立の日とされる。大陸海兵隊の最初の軍事行動は独立戦争時の七六年、ニュー・ブロヴィンス島に貯蔵されていた大砲と火薬の奪取を目指したバハマ上陸作戦だった。大陸海兵隊は、二つの砦を制圧してこの作戦を成功させた。これは現在まで続く「水陸両用作戦（amphibious operation）」—船から上陸しての攻撃だった。その後、七七年にはワシントン司令官の陸軍部隊に合流し、プリンストンの戦いにも参加した。八三年、パリ条約によって戦争が終結すると、大陸海軍とともに大陸海兵隊も消滅した。

一七八九年、アメリカはフランスとの戦争によって海軍が戦争省から独立して海軍省となり、海軍の歩兵が戦艦に乗船する必要に迫られ、再び海兵隊の創設が課題になった。七月一一日、ジョン・アダムス大統領は、アメリカ海兵隊（United States Marine Corps）創設の法案に署名し、合衆国海兵隊が創設される。海兵隊はつねに、「明白な運命※（Manifest Destiny）」という神秘がかった信念の下でたたかわれたアメリカの領土拡張戦争の中にあった。幕末の日本、一八五三年のペリー艦隊沖縄来航、同年と翌年の横須賀来航にも海兵隊員が乗船していた。横浜市中区山手町にある外国人墓地は、このときに客死した海兵隊員ロバート・ウィリアムスが埋葬されたことにはじまる。[2]

※明白な運命——一八四五年にジョン・オザリヴァンが自ら編集する雑誌『デモクラティク・レビュー』に発表したテキサス併合を訴える論文で、「自由と自治政府とからなる連邦という偉大な実験を進展させるために、神が与え給うたこの大陸全体を、覆いつくし、所有するのは、われわれの明白な運命がさだめる権利なのである」と提唱する。以降、アメリカ合衆国のインディアン虐殺や「西部開拓」を正当化する際の標語となった。

レオ・ヒューバーマンは『アメリカ人民の歴史』の中で、世界で活動した海兵隊員の言葉を紹介している。[3]

私は三三年四カ月の間、わが国で最も精鋭な軍隊、海兵隊の現役の一員として活動した。私の勤務は中尉から少将までの全階級にわたった。そしてこの期間の間、私はほとんどすべての時間を大企業やウォール街や銀行家の高級用心棒として過した。つまり、私は資本主義のためのゆすりだったのだ。〔略〕

こうして私は、一九一四年に、アメリカの石油業者のためにメキシコ、とくにタンピコの確保に助力した。私はハイティとキューバとを、ナショナル・シティ銀行の連中のうまいかせぎ場にするのを助けた。〔略〕私は、一九〇九年から一九一二年までの間ブラウン兄弟の国際銀行（international banking houses）のためにニカラグアの大掃除を助けた。私は一九一六年には、アメリカの製糖業者のためにドミニカ共和国に先導役をつとめた。私は一九〇三年には、アメリカの果物会社のためにホンジョラスを片つけるのを助けた。私は一九二七年には、中国でスタンダート石油会社が妨害をうけずに事業を継続できるように援助した。

この年月の間、私は部下の連中がよくいっていたように、ずい分派手に荒かせぎをやったものだ。そして私は名誉と勲章と昇級とで報いられたのだが、顧みて思うに、私はアル・カポネにいくらかヒントをあたえたかもしれぬ。だが、カポネの奴にできたことは、せいぜい大都市の三つの地区で暴れまわることだったが、われわれ海兵隊は三つの大陸をまたにかけて暴れまわったのだ。

アメリカ海兵隊の歴史は、遠く独立戦争開始に由来し、その後は今日までアメリカの権益のために、全世界で軍事行動を展開し、席巻し続けている。

二つの大戦と水陸両用作戦の完成

一九一四年にヨーロッパで勃発した第一次世界大戦で、最初は中立を宣言していたアメリカは一七年には参戦に転じ、遠征部隊を派遣することを決定した。主力の陸軍に加え、二個連隊から成る一個旅団六〇〇〇名の海兵隊がこの戦争に派遣された。第一次世界大戦で海兵隊を有名にしたのが、一八年のベローの森でのドイツ軍との戦闘だった。この戦闘で海兵隊は一〇八七名の犠牲を出したが、ドイツ軍を打ち破り、「真っ先に駆けつけてたたかう」遠征部隊として評価を得た。その後のスワッソン、サン・ミッシェル、ブラン・モン・リッジ、アルゴンヌの戦闘でも、多くの「手柄」を立てた。一六年には一万一〇〇〇名だった海兵隊は、女性二二七名を含む七万八八三四名が第一次世界大戦に参加し、二四五五名の戦死者と八八九四名の負傷者を出した。

また、第一次世界大戦で、はじめての海兵隊航空隊が登場した。一二年に海兵隊のパイロット第一号が誕生し、海兵隊航空隊の布石となった。一六年までに海兵隊の航空戦力は六名のパイロットと一八名の志願兵で構成されており、第一次世界大戦がはじまると海兵隊航空隊は九名の士官と三〇名の隊員に増え、海兵隊専用の機体を海軍から提供されるようになった。一九年の戦争終結までに海兵隊航空隊は、二五〇〇名のパイロットと地上要員、それに三四〇機の航空機を所有していた。主な任務は爆撃飛行だったが、ベルギー軍への空路補給や空中戦、ドイツ潜水艦への攻撃などさまざまな任務をこなした。

第二次世界大戦では、海兵隊幕僚アール・H・エリス少佐が提唱した「水陸両用作戦」任務を海兵隊は完成させた。この大戦で海兵隊は、主に太平洋方面での作戦に従事した。新たに開発されたLCVP（Landing Craft Vehicle Personnel　車両・人員揚陸艇）やLVT（Landing Vehicle Tracked　水陸両用上陸用装軌車）1アリゲーターを使って、一九四二年八月に第一海兵師団がソロモン群島のガダルカナル島とツラギ島へ上陸し、第二海兵師団と陸軍がこれに続き、日本軍からの奪還を成功させた。その後、マキン環礁やタワラ環礁を攻め、ニューブリテン島、クワジャレイン環礁、エニウェトク環礁、グアム島、サイパン島と海兵隊の作戦が続く。

一九四五年二月に上陸作戦が開始された硫黄島では、一一万人のうち第三・第四・第五海兵隊七万人強が従軍した。すり鉢山山頂に海兵隊の星条旗が翻るのを旗艦から確認した海軍長官ジェイムズ・フォレスタルは、「すり鉢山の頂上に星条旗をはためかせたことは、今後五〇〇年にわたって海兵隊が存在することを意味する」と述べた。続いて四五万人が動員された沖縄戦では、陸軍と海兵隊の混成上陸部隊である第一〇軍が作戦を実行し、海兵隊からは第一四兵団、第三混成団（第一・第六海兵師団）八万人強が参加した。第二次世界大戦を通して海兵隊は一万九七三三名の戦死者、六万七〇〇〇名以上の負傷者を出したが、水陸両用作戦のスキルを完成させた。

日本占領には、第四海兵隊が先陣をきった。続いて第五軍団の第二・第五海兵師団も日本へ進駐してきた。第三軍団の第一・第六海兵師団は中国北部の占領に参加し、第三海兵師団はトラック島、父島を含む太平洋の島々を占領した。第四海兵師団は、縮小のためにアメリカに帰還した。第一海兵隊飛行隊は中国に進駐し、第二海兵隊飛行隊は本国に帰還した。第三・第四・第九海兵隊飛行隊は解散した。日本へは第三一海兵航空群、第三二海兵航空群が進駐した。占領の当初の任務であった日本軍の武装解除も順調に進み、一九四六年までに日本に駐留した海兵隊はすべて本国へ帰還した。戦時から平時への移行過程で、この世界大戦末期に四七万五〇〇〇名・六個師団だった海兵隊は、五〇年には七万五〇〇〇名・二個師団にまで縮小された。その一方で、二個の海兵航空団が新設された空軍に吸収されるのを逃れながら、新たに開発されたヘリコプターの有用性に着目してヘリ部隊を創設した。

朝鮮戦争と第三海兵師団の再編成

海兵隊が次にその存在意義を示したのは、一九五〇年六月に勃発した朝鮮半島での内戦だった。アメリカはこの内戦に介入し、開戦から数カ月後には日本駐留の陸軍三個師団を皮切りに、地上軍の派兵だけで三六万人に膨れ上がらせた。海兵隊は、第五海兵連隊と第三三海兵航空団を含む第一海兵旅団六五三四名が韓国に送られた。

第一海兵師団二万六一〇〇名は米韓軍が追いつめられた釜山に上陸し、同時に反転攻勢を目指した九月一五日からの仁川《インチョン》上陸作戦での第一〇軍の主力を担った。この作戦には、第一海兵航空団も参加した。仁川上陸作戦を成功させた米韓軍は、三八度線を越えて中国国境付近にまで攻め入り、ここで中国人民義勇軍の参戦に直面する。第一海兵師団は、北緯四〇度付近の長津《チャンジン》湖付近で中国人民義勇軍八個師団を迎え撃ったが敗走し、雪の中の苦しい撤退を強いられた。この戦闘で一万五〇〇〇名のうち七三〇名が死亡し、約四〇〇〇名が負傷したが、そのほとんどが凍傷だった。朝鮮戦線全体では、海兵隊は三万五三四名（戦死四五〇六名・戦傷二万六〇二六名）の損害をこうむった。

仁川上陸作戦の成功は、水陸両用作戦を担う海兵隊の評価をあげることになる。一九五二年六月、海兵隊出身のポール・H・ダグラス上院議員とマイク・マンスフィールド上院議員の提出した、平時の海兵隊兵力を三個師団・三個航空団とする法案が承認された。第二次世界大戦中の四三年一一月一日にサンディエゴのキャンプ・エリオットで編成され、グアム、硫黄島での日本軍との戦闘に参加した第三海兵師団は、四五年一二月二八日にグアムで編成を解かれていたが、五一年一月七日にカリフォルニアのキャンプ・ペンドルトンで再編成された。朝鮮戦争時には日本全土がアメリカ軍の後方支援基地とされ、海兵隊は京都、富士、奈良、大阪などに、同航空部隊も岩国、厚木、追浜《おっぱま》、伊丹《いたみ》などに駐留した。そのほか横浜、佐世保、横須賀、神戸などの港湾施設を利用した。そして、朝鮮戦争休戦後の五三年八月には、第三海兵師団（一万二〇〇〇名）が日本に送られる。また五六年に入ると、第一海兵航空団司令部も韓国から岩国へ移駐してくることになる。

海兵隊の日本進駐

一九五三年七月二三日の米国家安全保障会議（ＮＳＣ：United States National Security Council）で、第三海兵

師団の日本配備が決定される。これは、朝鮮での休戦協定が「危険ないたずらになるかもしれず、休戦後さえ中共が容易に紛争を引き起こすか我々に激しい攻撃をしかける」可能性を危惧したアイゼンハワー大統領とジョン・フォスター・ダレス国務長官が、かけ込みで増援部隊派遣を要請したことによる。(4)

一九五三年八月六日、クラーク「国連軍」司令官が、記者会見で「最近米国を出発、極東に向かった米海兵第三師団は日本に駐屯することになろう」と明らかにする。(5) 一四日には極東米軍司令部も「米国を出発して極東に向かっている第三海兵師団は日本の米軍基地に配置されることになろう」と発表し、(6) 岐阜県渉外課にキャンプ岐阜から第三海兵師団が岐阜キャンプに進駐するとの連絡が入る。(7) 第一陣三五〇〇名は八月一五日、横浜に上陸し、山梨県のキャンプ・マックネアに向かった。(8) 続いて二二日には、二六四〇名の海兵隊員を載せた輸送艦カルバートなど五隻が名古屋中央・西両港に接岸し、臨時列車とトラックでキャンプ岐阜に向かった。(9) 以降、続々と第三海兵師団が各地に進駐してくる。

第三海兵師団司令部はキャンプ岐阜（岐阜県稲葉郡那加町《なかちょう》―現在は各務原市《かかみがはらし》）に置かれ、第四連隊司令部はキャンプ奈良に置かれた。第三連隊司令部はキャンプ・マックネア（山梨県・北富士演習場）に置かれ、山梨県と静岡県（東富士演習場）に広がるキャンプ富士に分散して駐留した。第九連隊は一九五三年一〇月にキャンプ岐阜に配備されるが、翌五四年二月にキャンプ信太山《しのだやま》（大阪府泉北郡―現在は大阪府和泉市）に、さらに同年七月キャンプ堺（大阪市住吉区・大阪市立大学）に移転された。また各連隊の隷下の部隊がキャンプ大久保（京都府宇治市）、滋賀県のキャンプ大津、キャンプ・マックギル（キャンプ武山―神奈川県横須賀市）、米海軍横須賀基地（神奈川県横須賀市）などに配備され、長池演習場（京都府久世郡城陽町―現在は城陽市）や饗庭野《あいばの》演習場（滋賀県高島郡―現在は高島市）、茅ケ崎《ちがさき》ビーチ（神奈川県茅ケ崎市、藤沢市）などを訓練のために使用した。航空機部隊は五六年七月に第一海兵航空団司令部が岩国基地に配備されるが、先にも述べたように岩国のほかに厚木基地（神奈川県綾瀬

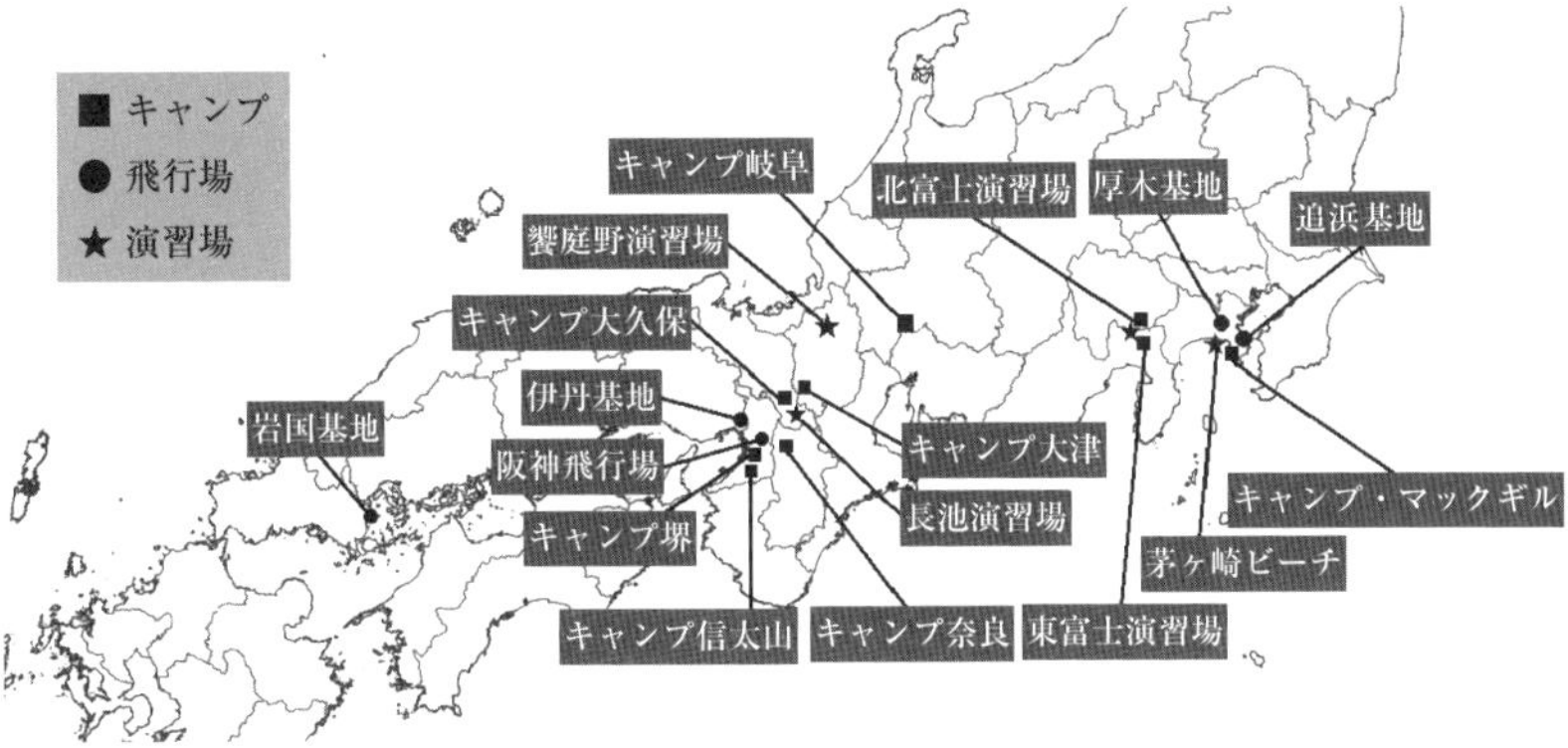

【図1―1】海兵隊駐留・利用地（国土地理院白地図を加工）

町―現在は綾瀬市、大和町―現在は大和市）、追浜基地（神奈川県横須賀市）、伊丹基地（大阪府豊中市、池田市、兵庫県伊丹市《いたみし》）が朝鮮戦争時から海兵隊によって使用され、休戦後も駐留を続けていた。ヘリコプター輸送部隊は伊丹のほか阪神飛行場（大阪府中河内郡大正村―現在は八尾市）にも配備され、後に追浜基地（神奈川県横須賀市）に移駐した【図1―1】）。

2　海兵隊駐留と基地被害

「ONE SHOT ONE KILL」で描かれた新兵訓練

ドキュメンタリー映画「ONE SHOT ONE KILL　兵士になるということ」（藤本幸久監督／二〇一〇年）は、サウスカロライナ州パリス・アイランドで行われる海兵隊の新兵訓練―ブート・キャンプに密着した作品である。ごく普通の若者が、外の世界と隔絶された一二週間の過酷な訓練で人間性を喪失し、戦場で人が殺せる兵士に育て上げられていく姿を追う。

海兵隊の新兵訓練は一九〇〇年代初頭から、このドキュメンタリー映画の舞台となったパリス・アイランドとサンディエゴ（カリフォルニア州）で行われ、他の軍種にもないようなタフで挑戦的な訓練で知られている。ブート・キャンプに到着した新兵は、徹底的に一般市民的態度を捨てさせられる。髪は二〇秒で丸坊主に刈り上げられ、全員が一緒に裸で身体検査を受け、一緒に風呂に入り、同じ軍服を着る。小隊の指導を仕切るＤＩ（Drill Instructor　ドリル・インストラクター）は過ちを見つけると、新兵に顔を突き合わせ、卑猥な言葉で罵声をあびせる。新兵はドッグ・タグ（認識票）をぶら下げられ、入隊一日目から犬以下の扱いを受ける。このような海兵隊の新兵訓練では、夜間行軍中の六名溺死事故（五九年）、銃剣訓練中の撲殺事故（七〇年）、ライフルでＤＩに撃たれる事故（七〇年）など、多くの死傷事故も起こっている。[10]

現在の米軍の新兵訓練は、第二次世界大戦後に確立されることになる。ジョージ・マーシャル准将が第二次世界大戦後に帰還兵を精査すると、銃弾が飛び交う戦場において兵士たちは一〇〇人につき、わずか一五から二〇人ほどしか実際に発砲していないことがわかった。マーシャルは、「同じ人間を殺すという行為に対して、通常では自覚されない人間的抵抗があり、責任を回避できるならば、自らの意思で人の命を奪おうとはしない」と報告した。このマーシャルの報告が軍部に衝撃を与え、全軍の訓練方法を大きく変えるきっかけとなった。新兵に「殺せ、殺せ、殺せ」と繰り返し唱えることを強いる訓練が採用され、人の命を奪うように命じられても抵抗を感じなくなるまで心の奥深くまで反復して叩き込むというのが、新兵訓練の基本的な考え方となった。この結果、ベトナム戦争の頃には兵士の九〇％が戦闘中に発砲するようになった。[11]

このような新兵訓練を受けた海兵隊員が、最初に実践に投入されたのが朝鮮戦争だった。ブルース・カミングスは、韓国でのゲリラ戦によって「敵と民間人が区別できない戦争」、「この戦いは汚い戦争となった」とし、住民へ銃口を向ける米軍について次のように述べている。[12]

朝鮮にやってくるアメリカ兵はたいてい、自分がどこにいて誰と戦い、なぜ戦っているかほとんど分かっていなかった。彼らはたびたび豪雨に見舞われる泥だらけの土地での戦いに、蒸し暑い夏のさなかに放り込まれた。人糞の肥料がまかれた水田を進む足取りは重く、漂ってくる匂いも、農村に住む者にはどうということもないものだが、初めて嗅ぐものには驚きだったろう。水田の水でのどの渇きを癒そうものなら赤痢に感染した。この国連の「警察行動」のなかで兵士が対決した相手とは、自らの持てるすべてを使い、朝鮮の弱点を強みに変えようとする全面戦争を戦う敵だったのだ。〔略〕また兵士たちの出身国は、有色人種を隷属する社会だった。しかもその国では、最高位の法務官たるマッグラス司法長官が共産主義者を「ネズミ」呼ばわりしていた。だから兵士たちが朝鮮人を人間以下の存在と信じ込み、そのような行動をとるようになるまでに、たいして時間はかからなかった。

増大する基地被害

人間性を抑えつけられて躊躇なく人を殺すことのできる兵士として訓練され、実際に朝鮮で戦争をした海兵隊員が続々と移駐してくると、その地域は海兵隊の引き起こす事件や事故に苦しむことになる。

一九五三年九月二八日付『新大阪』は、「朝鮮休戦成立後国連軍兵士の日本各地への引揚げ増加により、とくに京阪神、名古屋地方の外人犯罪は急増し二十一日奈良からRRセンターの移転をみた神戸は犯罪の起らない日はないとされ近畿、東海、北陸二府十県下治安当局の話を総合すると、九月はじめの一週間で八十九件の多きに上っている」と報じた。同年一〇月九日付『都新聞』も、国警本部の調べによると六年半の占領中に引き起こされた進駐軍による犯罪は「近畿、東海、北陸月平均約五十件だったが九月以降朝鮮休戦で国連軍が〔朝鮮半島から日本へ〕引揚げたので京阪神、名古屋などで急速に犯罪が増えている」と伝えている。防衛施設庁の資料によると、日本「本土」での米兵による事件事故は、五二年度の五九八五件・死者一一四人から五三年度七〇一〇件・同一〇三人、五四年度一万一〇二二件・同九〇人と増加し続け、五六年度には一万二九八八件・同六三人とそのピークを迎える[13]。

海兵隊の引き起こした事件事故では、筆者が収集した一九五三年八月から五五年六月までの二年一〇カ月間の新聞各紙に、一四九件の犯罪、八七件の事故が記録されている（巻末資料【表1―1】、【表1―2】）。毎月七件の割合で、海兵隊による事件事故が引き起こされていることになる。この二年一〇カ月の期間は、第三海兵師団の主力部隊が駐屯していた期間だったが、朝鮮戦争時から各地に第三海兵師団、第一海兵航空団が駐留しており、五五年七月以降も第三海兵師団がキャンプ富士などに、第一海兵航空団が岩国、伊丹、厚木に駐留し続け、多くの事件事故を引き起こしている。また性犯罪などは、被害者が名乗り出にくい事件であることも留意して見なければならない。

海兵隊による犯罪では、酒に酔った上での民家などへの不法侵入やタクシー強盗・無賃乗車、暴行、器物破損などが多いが、強かん・強かん殺人六件、強盗致傷・強盗傷害一四件、放火二件などの凶悪事件も多く発生している。事故では、交通事故（四一件）や不発弾の爆発（九件）、航空機事故（一七件）が目を引くが、いずれの事故でも多くの被害者を出している。これら二三六件の事件事故では、二歳の女の子と八歳の男の子を含む一一人が命を落としている。海兵隊による被害を報じる記事のひとつひとつを追っていくと、海兵隊の駐留がその地域に筆舌に尽くしがたい苦痛を強要していたことがわかる。これらの事件事故については、以降で詳しく見ていきたい。

裁かれない米軍犯罪

占領下にあっては、米軍をはじめとする進駐軍の犯罪を日本側で裁くことはもちろん、目の前で事件を起こす兵士の身柄を拘束することすらできなかった。一九五〇年一〇月三一日からは「連合国人に対する刑事事件特別措置令[14]」により、MP（Military Police）がいないときの現行犯に限り日本警察にも連合国人の逮捕が許されるようになったが、容疑者の身柄はMPにただちに引き渡さなければならなかった。五二年四月二八日にサンフランシスコ講和条約が発効し、日本は占領を脱する。サンフランシスコ講和条約とともに締結された日米安保条約（日本国とアメリカ合衆国との間の安全保障条約）でその後も米軍は駐留を続けることになり、犯罪米兵への日本側の裁判権がない状態は続くことになる。日米行政協定（日本国とアメリカ合衆国との間の安全保障条約第三条に基く行政協定）第一七条で、日本駐留米軍の将兵・軍属、およびその家族が日本国内で犯したすべての罪について、専属的裁判権を米国側に与えていた。

一九五三年九月二九日、「行政協定を改定する議定書」が結ばれ、日本側に不利益だった日米行政協定第一七条が改定され、一〇月二九日に改定日米行政協定が発効した。これによって、①もっぱら米国の財産・安全のみに対する罪、②もっぱら米国人・軍人・家族の身体・財産のみに対する罪、③公務執行中の罪を除いては、日本側に第一次裁判権が移された。この場合、日本側が裁判権を放棄しない限り、アメリカ側に裁判権は生じない。この行政協定が発効する前日の一〇月二八日の早朝に、奈良市で二三歳の女性が海兵隊員にトラックに連れ込まれて強かんされた事件が起こる。日本へ裁判権が移される前の「かけこみ犯罪」だった。一〇月二九日付『大和タイムス』は「刑事裁判権改定の一日まえだけに関係者をはぎしりさせている」とこの事件を伝えている。

一方で、日本側の第一次裁判権の不行使を求めるアメリカ側の要請を受けて、日米間で密約が結ばれることになる。改定日米行政協定が発効する前日の一〇月二八日付「行政協定十七条を改正する一九五三年九月二九日の議定書第三項に関連した、合同委員会裁判権分科委員会刑事部会日本側部会長の声明」と題する非公開議事録がある。そこには「〔略〕私は、政策の問題とし、日本の当局は通常、合衆国軍隊の構成員、軍属、あるいは米軍法に服するそれらの家族に対し、日本にとって著しく重要と考えられる事件以外については、第一次裁判権を行使するつもりがないと述べることができる」と記され、裁判権分科委員会刑事部会日本側部会長である津田實の署名がなされている。[15] 日本政府がどのように第一次裁判権を放棄したかのカラクリについては、布施裕仁や吉田敏浩の著作に詳しい。[16]

日米行政協定の改定について、当時の新聞は次のように伝えた。『毎日新聞』は九月三〇日付朝刊での「やっと西欧なみの刑事裁判権」と題する「主張」で、「現行の属人主義は、治外法権的な面があって、種々の不都合な問題をひき起こし、これが日本国民の感情を不必要に刺激してきた」と指摘し、「日米間の重要懸案の一つが解決されたといえるだろう」としながら、「これを正しくかつ円滑に運用してゆくことが絶対に必要であり、そのためには、やはり相譲の精神による協力が大切であろう」と主張した。また、同日付『朝日新聞』朝刊は、「今回の改定によって、わが裁判権が米軍人、軍属の公務以外の犯罪はもちろん、もっぱら米国財産に関するものや、米軍関係者間だけの身体、財産に関する犯罪を除いて、すべての犯罪に及ぶことになったことは、本来、当然のこととはいいながら、日米双方のために喜ばしいことといわなければならない」としながら、「新しい第十七条はその第三項(c)で、裁判権を有する国も、他方の国がその権利の放棄を特に重要であると認め要請した場合には、これに好意的な配慮を払わなければならない、と規定している」点に憂慮を表明し、「もし運用の面において両国が平等、公正な立場から協力する努力がなかったならば、折角の協定改定も、かえって紛争の種火となる恐れなしとはしない」と指摘した。この二紙が危惧した通り、改定日米行政協定は「正しくかつ円滑に運用」されることも、「両国が平等、公正な立場から協力する努力」もなされることはなかった。

米陸軍法務局が作成した「外国法廷での米兵への刑事裁判権行使統計」によると、一九五四年一二月から五五年一一月までの一年間に日本に裁判権がある米兵犯罪数三六二一件のうち、日本が裁判権を放棄した件数は三四四六件にのぼり、日本の裁判棄権率は九五・二％に達している。[17]新聞で報道された海兵隊員による犯罪では、裁判権が日本側に移管された五三年一〇月二九日から五五年六月末までに一三〇件の日本側に第一次裁判権がある事件が伝えられているが、実際に起訴されたものはたった一三件・一〇％にすぎない（巻末資料【表1】）。法務省の「刑事裁判統計」によると、日本全体の起訴率は五三年で四七・九％、五四年で五二・三％、五五年で五七・一％となっている。起訴率は検察段階での起訴総人数／（起訴総人数＋不起訴人数）なので単純比較はできないが、いかに日本の米兵犯罪第一次裁判権棄権率が高く異常であるかの目安にはなるだろう。

海兵隊による事件事故

日米行政協定改定後、海兵隊が引き起こした事件や事故では、実際どのように第一次裁判権が放棄されていったのだろうか。そのいくつかについて見ていきたい。

まず、改定行政協定において米兵が「公務中」に起こした事件や事故は、日本側に第一次裁判権はないものとされていた。

①堺市海兵隊トラック交通死傷事故[18]

一九五四年一〇月二六日の夜、大阪府堺市耳原町（現在は堺市堺区）の府道でキャンプ堺の海兵隊大型輸送トラックが観光バスに衝突し、バスの乗客三名が死亡、一〇名が重傷、七名が軽傷を負う事故が発生した。社員旅行であやめ池ピクニックからの帰途中の社長と女子工員がこのバスに乗っており、楽しいはずの社員旅行は一瞬にして地獄と化す。女子工員のひとりは新聞の取材に、「バスの中は楽しい歓声や話声で一杯でした。その時バリッという音がしたと思うと、車内の電気が全部消え真っ暗になりうめき声や泣き声で車内が一杯になりました。

〔略〕後からみると私の前の座席の人までケガをしており、ゾッとしました」と事故の様子を証言している。

堺北警察署は、海兵隊員の運転手がエンジンとハンドルの不調を知りながら適当な措置をせずに運転していたことから、過失損害致死はまぬがれないとした。しかし大阪地検は、「こちらとしては、警察から書類送検をうけたうえで〝裁判権なし、不起訴〟とせざるを得ない」とし、この海兵隊員を不起訴にした。三名もの人命を奪った海兵隊員の刑事責任は、日本側の手で問われることはなかった。

②忍野村海兵隊員集団傷害事件⑲

また、日本側に第一次裁判権がある場合も裁判権が放棄されていった例も多い。ここでは、山梨県南都留郡《みなみつるぐん》忍野村忍草《おしのむらしぼくさ》と山口県岩国市で起こったふたつの事件を見ていきたい。

一九五四年四月一八日、忍野村忍草のカフェで六名の海兵隊員らが喧嘩をはじめ、仲裁に入った三〇歳と二四歳の日本人男性が海兵隊員に暴行を受けて、それぞれ全治一カ月と全治一〇日の傷を負う事件が発生する。しかし、この事件について米軍側は、日本人の暴力を理由に海兵隊員の正当防衛を主張し、米兵の傷害事件とする日本側と対立する。

対応を苦慮した甲府地検は、五名の海兵隊員の起訴に向けて起訴請訓書を提出して最高検と協議をはじめる。これにより、起訴期間を一〇日間延長して再調査を開始すると同時に米軍側と話し合い、容疑者に損害賠償を要請することで解決を図ろうとする。甲府地検の検事正は新聞の取材に対して、「被疑者に損害賠償をさせて示談になれば問題はない。もし被疑者が拒否した場合にはこんどこそ起訴する」と述べた。この苦肉の策も、米軍側から「アメリカ軍側は絶対に調停に応ずる意思はない」と拒否され、起訴期日期限の二三日を前にして甲府地検は起訴のために再び佐藤検事総長などに起訴請訓書を提出する。

しかし甲府地検は最高検との検討の結果、二二日に日本側の裁判権放棄を決定する。甲府地検検事正は、「一生懸命努力したのですが、最高検で認めてくれなかったので不起訴にした」とその理由を説明した。また法務省は、「事件が我国に実質的重要性のない場合は行政協定に基き身柄を軍当局に引渡すことになっている。今度の事件は強盗、強姦などの悪質犯と異なり、また米兵の年齢、犯行情況なども考慮して特に〝実質的重要性〟がないと判断したもので、これを弱腰だという非難は当たらない」と弁明した。

一九五四年六月一二日付『山梨時事新聞』は、山梨県での米軍犯罪への日本側の対応について、「〔改定日米行政協定が発効して〕以来、県下に発生した米軍事件のうち、甲府地検に送検されたものは八件であるが、四月下旬忍野に発生した集団傷害事件、五月上旬甲府に発生した自動車乗り逃げ事件など相当悪質な犯罪を始め八件全部が不起訴処分にされており、いずれも裁判権放棄という態度を示し、この地検の米兵犯罪に対する処分態度を地検の弱腰と非難する声も一部に起きている。また同地検々事の一部にもこれに同調する空気もあり、起訴しようとしても法務省で許可しないため、涙をのんだ場合もあり、結局政府の軟弱外交の結果だとしている」と伝えている。

「請訓」は下級庁が上級庁に命令を請う手続きだが、一九五四年の法務省の内規「処分請訓規定※」では、「米国ならびに国際連合の軍隊の構成員、軍属、その家族の犯した罪」に絡む事件を起訴する際は「あらかじめ（高検の）検事長の指揮を受けなければならない」と明記し、さらに「検事長が指揮する場合には、あらかじめ検事総長の指揮を受けなければならない」とした上で、「検事総長の指揮時には『法相の指揮を受けなければならない』」としていた。この五四年「処分請訓規定」を入手した信夫《しのぶ》隆司は、「密約の存在だけで、米軍関係者の犯罪に対処する検事の公訴権が制約されるわけではない。そこで編み出されたのが、米軍関係者による犯罪に対する処分請訓規定の適用だ。最終的に法相の判断で起訴の可否も決められる。日本側がいかに密約に配慮し、それを忠実に履行しようとしていたかを示す証拠である」と指摘している。[20]

※処分請訓規定――一九四八年四月一日の法務庁検務局秘第三九号によって定められ、検察庁法第一四条に基づいている。これにより実際に、検事、検事正、検事総長、法務大臣という順で、下位者から上位者への請訓に基づき、末端にいたるまで法務大臣の指揮権下にはいることになる。処分請訓規定第一条では「左に掲げる罪に係る事件について、起訴または処分を行う場合には、あらかじめ検事長の指揮を受けなければならない」とし、「外患に関する罪」など一四の罪が列挙され、日本の「独立」後にはこれは五に削除され、ほかに破壊活動防止法違反事件が同規定対象とされていた。

③岩国市海兵隊員老人殺害事件[21]

最後に、もうひとつ日本側が裁判権を放棄した事例を見ておきたい。一九五五年七月一九日午後一〇時三〇分ごろ、岩国市川下の寿橋を通りかかった男性が五m下の今津川に人の落ちるのを目撃し、小舟を出してひきあげたがすでに死亡していた。亡くなったのは岩国市立養育院に入っている七一歳の男性だった。五名の目撃証言から、二人の米兵が被害者を抱きかかえて寿橋から今津川に投げ入れたことがわかった。岩国署の必死の捜査によって、岩国基地の二二歳の海兵隊員が容疑者として浮上する。

米軍憲兵隊は、この海兵隊員を基地内に禁足処分にして取り調べをおこなう。岩国署と山口警察署の合同捜査本部は、改定行政協定第一七条第五項(a)を根拠にして容疑者の身柄引き渡しを岩国海軍基地プリモ司令官に求めたが、米軍側は、同(c)を理由に公訴の提起があるまでは身柄を日本側に渡すことはできないと拒否した。日米行政協定一七条五項(a)は「日本国の当局及び合衆国の軍当局は、日本国の領域内における合衆国軍隊の構成員若しくは軍属又はそれらの家族の逮捕及び前諸項の規定に従って裁判権を行使すべき当局へのそれらの者の引渡しについて、相互に援助しなければならない」とし、同(c)は「日本国が裁判権を行使すべき合衆国軍隊の構成員又は軍属たる被疑者の拘禁は、その者の身柄が合衆国の手中にあるときは、日本国により公訴が提起されるまでの間、合衆国が引き続き行なうものとする」としていた。

それでも合同捜査本部は八月一六日、一七日の両日に岩国基地内で容疑者の出張取り調べを行い、容疑者は「寿橋を通ったことはない。〔事件当日〕着ていたのはアロハ・シャツではなく軍服だった」と供述したが、犯行当夜のアリバイ捜査や事件の目撃者がアロハ・シャツを着た容疑者が犯行の直前に寿橋にいたという証言を得たことから、容疑者が〝黒〟だと確信を得る。しかしここでも、九月二一日に広島高検から山口地検に、容疑者海兵隊員の証拠不十分を理由に不起訴の処分決定通知がなされる。

一九五五年八月一四日付『中国新聞』山口版は、基地内での取り調べの問題点を次のように指摘していた。「その一つは果たして基地内での出張取調べで起訴まで持っていける証拠固めが出来るかということだ。いままでの捜査によると同伍長が事件発生前現場付近にいたということと、事件発生後いち早く逃走したことの二点であり、焦点となるべき犯行時の証言が得られず、このためにキメ手となるべき証拠は現段階では握られていない。問題の自供が悪条件での取調べで得られるだろうか。確信をもっているとはいえ捜査本部の悩みは深刻のようだ」、「いま一つは今後の基地犯罪捜査への影響で、基地外で発生をみた駐留軍事犯が今後もこの前例にならって起訴前の身柄のひき渡しが得られないとすると、この捜査にははなはだしい不利が生じてくるものと関係者はみている。機動力のない日本側警察が現場にかけつけた折にはすでに米軍で容疑者が逮捕されたあとであることは、今までどの事犯にも見られたことであり、しかもその身柄のひき渡しが出来ないということになると、その事件捜査は困難を極めるということは明らかだというのである」。この指摘は的中し、容疑者が日本側の手で裁かれることはなかった。

海兵隊の駐留は、様々な基地被害を地域にもたらし、そこに暮らす人々は筆舌に尽くしがたい苦痛を強いられた。以下、そこに暮らした人々の視点から、海兵隊が駐留・利用した各地の姿をみていきたい。

（1）この節は、特に断りがない限り以下による。野中郁次郎『アメリカ海兵隊　非営利型組織の自己革新』（中公新書／一九九五年）、川上高司「アメリカ海兵隊創設の歴史と役割の変遷」（拓殖大学海外事情研究所『海外事情研究報告』通号四五／二〇〇一年）、岡村昭彦「アメリカ海兵隊の歴史」（日本教職員組合宣伝部『教育評論』通巻二一三号／一九六八年四月～二二四号／同年一二月）、小田部哲也「アメリカ海兵航空隊の歴史」（酣燈社『航空情報』二〇一四年一月号～同年一二月号）、屋良朝博『誤解だらけの沖縄・米軍基地』（旬報社／二〇一二年）、中村重一・大城朝助・林竜二郎・小泉親司『沖縄の米軍基地』（あけぼの出版／二〇一八年）、*Official Website for the United States Marine Corps* (http://www.marines.mil/), Jack Murphy, *History of the US Marines*: Brompton Books, 1984

（2）筆者訪問　二〇一九年五月―同墓地を管理する財団公益法人　横浜外国人墓地によると、海兵隊員ロバート・ウィリアムスの亡骸はその後、幕末期にアメリカ総領事館として使用されていた静岡下田の玉泉寺に移された。

（3）レオ・ヒューバーマン著／小林良正・雪山慶正訳『アメリカ人民の歴史（下）』（岩波新書／一九五四年）

（4）山本章子「一九五〇年代における海兵隊の沖縄移転」（屋良朝博・川名晋史・齊藤孝祐・野添文彬・山本章子『沖縄と海兵隊　駐留の歴史的展開』旬報社／二〇一六年）

（5）一九五三年八月七日付『東海夕刊』

（6）一九五三年八月一四日付『朝日新聞』大阪本社・夕刊など

（7）一九五三年八月一五日付『岐阜タイムス』

（8）一九五三年八月一六日付『中部日本新聞』朝刊

（9）一九五三年八月二二日付『中部日本新聞』夕刊

（10）野中郁次郎　前掲書

（11）反戦イラク帰還兵の会／アーロン・グランツ編　ＴＵＰ訳『冬の兵士　イラク・アフガン帰還米兵が語る戦場の真実』（岩波書店／二〇〇九年）

(12) ブルース・カミングス著/鄭敬謨・林哲・山岡由美訳『朝鮮戦争の起源　2【下】一九四七年〜一九五〇年「革命的」内戦とアメリカの覇権』(明石書店/二〇一二年)

(13) 二〇〇五年七月一九日付『しんぶん赤旗』

(14) 一九五〇年一〇月三一日付『官報』

(15) 新原昭治『日米「密約」外交と人民のたたかい　米解禁文書から見る安保体制の裏側』(新日本出版社/二〇一一年)

(16) 布施裕仁『日米密約　裁かれない米軍犯罪』(岩波新書/二〇一〇年)、吉田敏浩『密約　日米地位協定と米兵犯罪』(毎日新聞社/二〇一〇年)

(17) 吉田敏浩　同右

(18) この事故については、以下による。一九五四年一〇月二七日付『朝日新聞』大阪本社・夕刊、一九五四年一〇月二七日付『毎日新聞』大阪市内・朝刊、一九五四年一〇月二七日付『読売新聞』大阪読売新聞社・夕刊

(19) この事件については、特に断りのないかぎり以下による。一九五四年四月一九日付『山梨時事新聞』、一九五四年四月一九日付『山梨日日新聞』、一九五四年四月二七日付『山梨日日新聞』、一九五四年四月二八日付『山梨時事新聞』、一九五四年五月一一日付『山梨日日新聞』、一九五四年五月一三日付『朝日新聞』山梨版、一九五四年五月一四日付『朝日新聞』山梨版、一九五四年五月一四日付『山梨日日新聞』、一九五四年五月一九日付『山梨日日新聞』、一九五四年五月一九日付『山梨時事新聞』、一九五四年五月二三日付『山梨時事新聞』、一九五四年五月二三日付『山梨時事新聞』、一九五四年五月二四日付『朝日新聞』山梨版、一九五四年六月一九日付『山梨時事新聞』

(20) 信夫隆司『米軍基地権と日米密約　奄美・小笠原・沖縄返還を通して』(岩波書店/二〇一九年)、二〇一九年一月二八日付『京都新聞』朝刊

(21) この事件については、以下による。一九五五年七月二一日付『中国新聞』夕刊、一九五五年七月二二日付『防長新聞』、一九五五年八月一〇日付『防長新聞』、一九五五年八月一一日付『中国新聞』朝刊、一九五五年八月一一日付『防長新聞』、一九五五年八月一三日付『防長新聞』、一九五五年八月一九日付『中国新聞』山口版、一九五五年九月二二日付『中国新聞』朝刊

第二章　海兵隊キャンプ―女性と子どもたち

1　キャンプ岐阜

米軍の進駐と性政策

岐阜県各務原市《かかみがはらし》は、かつては中山道《なかせんどう》の宿場町として栄え、現在は名古屋市のベッドタウンとして発展を続けている。国道二一号線を走っていると突然、道路沿いに広大な航空基地が現れ、驚かされる。この航空自衛隊岐阜基地は、一九五八年に日本へ全面返還されるまで「キャンプ岐阜」と呼ばれた米軍基地だった(1)。

二〇一一年八月一三日に放映されたＴＢＳ「報道特集」は、元アメリカ軍兵士の取材を通して朝鮮戦争中、キャンプ岐阜に米陸軍の核学校が置かれていたという史実を明らかにした。番組の中で元陸軍兵士だったチャールズ・ブラウンさんは、キャンプ岐阜にはアメリカの核兵器を取り扱う学校があったことを証言し、この学校で兵士を指導した元陸軍少佐ダグラス・ロッキーさんは、この学校の目的は核・生物・化学兵器による攻撃への防御だけではなく、「これらの兵器を自分たちが使った時に、何をすべきかを教えることだった」と証言している。

一八七六年、日本軍は各務原台地―現在の各務原市から岐阜市にかけての西市場《にしいちば》・桐野・岩地・山後《やまうしろ》・新加納・前洞《まえぼら》・長塚の七カ村の用地を買収し、陸軍第三師団の砲兵演習場を設置した。キャンプ岐阜の歴史はこうしてはじまった。一九一七年には各務原陸軍飛行場が開設されるが、太平洋戦争末期に陸軍飛行場のほか兵器廠、軍需施設が置かれた各務原は、主なものだけで一〇回以上の空襲を受け、焼失家屋約六五〇戸、工場職員・学徒動員の生徒・一般市民の死者は二〇〇人を超えるという大きな被害を受けている。四五年八月に戦争が終わると、水田耕作の困難な飛行場跡地でも、食糧難対策のために戦災者・復員者・離職者に補助金を出して四〇〇haの開墾就農が奨められた。また、地元民に開墾を奨める地元増反として、現在は各務原市になる鵜沼町一〇ha、蘇原町五ha、那加町《なかちょう》一〇ha、更木町五haの開墾面積が割り当てられた。そこへアメリカ軍の進駐が開始される。四五年一〇月二六日、米陸軍第二五師団第二七連隊第八野砲隊一〇〇余名を皮切りに総数四一三二名が進駐し、元各務原陸軍飛行場はキャンプ岐阜（正式名称 Camp Majestic）と呼ばれるようになった[2]（【写真2―1】）。

ポツダム宣言の受け入れを明らかにした天皇の玉音放送から三日後の八月一八日、内務省は警保局長通達を発して、各府県に進駐軍「慰安」施設の設置を指示する。これを受けて、米軍が進駐した各務原でも数軒の米軍用キャバレー、料理店、ビリヤード場が開業し、数十人の街娼婦とダンサーが居住した[3]。米軍進駐時に最も危惧されたのは、女性への性犯罪であった。敗戦当時の岐阜警察署長だった奥村京一は、「米軍進駐が決まった当時、岐阜市では十八歳以上三十歳以下の婦女に、米一斗を携帯させて遠隔地に逃がしたことがあった。その時、那加町長より如何にすべきかとの相談を受けたが、逃げても北は日本海岸、南は太平洋岸迄で、ジープで追われれば何にもならぬ。状況を眺めることに決心したが、あにはからんや心配は無用であった」と当時を証言している[4]。米兵による一般女性への性犯罪の防波堤として、「慰安」制度が位置付けられた。一方で、性犯罪を伴う外国軍隊の駐留そのものが問われることはなかった。

しかし、慰安施設を利用する兵士の間に性病が拡大するようになると、ＧＨＱ（連合国軍最高司令官総司令部 *General Headquarters*, the Supreme Commander for the Allied Powers）は「慰安」施設への米兵の出入りを禁止す

【写真２－１】キャンプ岐阜（1948年の国土地理院航空写真を加工）

るオフ・リミットを実施した。その結果、「パンパン」などと呼ばれる米兵相手の街娼が急増する。彼女たちは「占領の阻害物」とされ、「狩り込み」と呼ばれる強制的な身体拘束、検診や入院を強いられることになる。公娼制の廃止に伴う一連の施策によって売春を規制する法令はなくなっていたが、街娼婦に対しては性病予防措置によって取締りがおこなわれた。一九四八年七月一五日の性病予防法（同年九月一日施行）の公布によって、女性たちへの強制的な身体拘束、検診、入院の法的な根拠が与えられた。街頭に立つそれらしい女性をジープで集めて強制検診を実施するという一斉取締りが繰り返され、これは進駐軍兵士の協力を得て行われた[5]。

岐阜県では、一九四八年に二五二五人（うち性病患者九二二人）、四九年に二四九九人（同三四六人）、五〇年に二二四七人（同二五八人）の女性たちが「狩り込み」にあった。朝鮮戦争勃発直後は米軍の移動によって街娼婦が減少したこともあり、五一年は四二四人（同一四一人）とその数は減少するが、朝鮮戦争中に米軍兵士が再駐留するようになる五二年は七〇〇人（同一八〇人）、五三年に七一四人（同八九人）、五四年に八三八人（同八四人）と再び増加していった。この措置は性病患者である街娼婦を一時的に隔離・排除することにあり、売買春そのものを規制するものではなかった[6]。

海兵隊と基地の街・那加

一九五〇年六月二五日に朝鮮戦争が勃発すると、キャンプ岐阜に駐留していた米陸軍第二四師団第二四連隊は、七月九日に鉄路で門司へと出発し、朝鮮へ向かった。続いて七月二四日には、同じくキャンプ岐阜に駐留していた第二五師団歩兵第二七連隊に出撃命令が下された。朝鮮戦争期間中、キャンプ岐阜には八〇〇〇名ほどの米兵が入れ替わり駐留し、キャンプのゲートに面した通りにはキャバレーやビヤホールなど七〇軒ほどが並び、米兵相手の売春女性が一〇〇〇人ほどいた。また、戦地出発を前にした米軍兵士による暴行・発砲・脱走事件などが頻発した[7]。

朝鮮戦争が休戦になると、第三海兵師団司令部がキャンプ岐阜に置かれることになる。ラビット少佐に指揮された第三海兵師団の二六四〇名は、輸送艦カルバート号など五隻の艦船に分乗して米本国から日本に向かい、一九五三年八月二二日午後一時一〇分、米陸軍第二九一軍楽隊の演奏するマリーン・マーチに迎えられて名古屋港の中央と西埠頭に接岸する。午後二時から上陸を開始し、同五時一四分名港発岐阜駅行臨時列車やトラックなどでキャンプ岐阜へと向かった[8]。

第三海兵師団の移駐が発表されると、那加町商工会は、七月二二日の理事会でキャンプ岐阜の増兵に協力することを決定する[9]。また岐阜県外事課は、米軍の依頼で米軍将兵の出入を希望する各種飲食、料理屋の登録をとりまとめるが、その数は岐阜市で料理旅館四一、レストラン三三、旅館・ホテル三七、キャバレー一七、那加町では飲食、ビヤホール、カフェーなど三一、合計一五九軒に達した[10]。海兵隊が移駐してくると、「一時減員していた〝基地ナカ〟の姿は最高時をオーバーする兵員の駐留で、活気のある町に衣更え」する[11]。那加町には毎日二、三〇人の割合で米兵相手の女性たちが増加しはじめ、那加町を中心に一〇〇〇人を超えた[12]。このため、岐阜大学本部や同農学部のある那加町は住宅難となり、岐阜大農学部の学生二〇〇人が下宿の立ち退きを強いられた[13]。

一九五二年にサンフランシスコ講和条約が発効して日本の主権が回復すると、米軍は反米感情に考慮するかに装いながら、基地周辺地域への出入りを禁止するオフ・リミットの実施で経済的圧力をかけ、業者や自治体に性病予防の措置を強いる政策を取る[14]。日本政府や自治体は取締りを強めて、女性たちの人権を侵害して、米軍に「クリーンな売春」を提供しようと努める。

後述する海兵隊員への警察官発砲事件を口実として、第三海兵師団は一九五三年九月一一日正午から那加町へのオフ・リミットを実施し、地域に経済的な圧力をかけた[15]。第三海兵師団司令部の発表では、八月二〇日から九

月二〇日までの一カ月に、海兵隊員とキャンプ岐阜要員によって消費された遊興額は一億二二七六億円にのぼっていた。(16)

立入禁止になった那加町では、一七日に町長、町議会議長ら各種団体代表一二名がキャンプ岐阜を訪問してオフ・リミットの解除を要請、フォスター司令官ら第三海兵師団幹部らと会談して双方の間で「夜の女」の追放に努力することで合意した。松岡町長は、「アメリカでは那加町のように夜の女が出没して兵隊を引っぱるようなことはみられない。このようなことが犯罪を犯したり、風紀を乱すのだから立入り禁止区域にしたものだから、那加町の協力でみだらなことをしないように、夜の女が町から姿を消すようにお互が協力してもらいたいなど諸問題について回答してくれた。町側ではこれに同感、相互の協力によって夜の女が追放されることになるだろう。これによって立入り禁止問題も自然に解決されるものと思う」と新聞に述べた。(17)

この結果、オフ・リミットは九月二三日から一三日ぶりに解除される。一九五三年九月二四日付『岐阜タイムス』は、「賛否まちまち問題になっていた稲葉郡那加町の米兵立入り禁止は、二十三日朝八時解かれた。喜んだのは待機していたビヤホール、キャバレー、輪タクなど米兵相手の業者。前夜から営業準備に沸き立った。ひる間は雨のせいもあってか〝お客様〟の姿もあまり見かけられなかったが夜に入って街は基地らしい賑いを見せた」と解除に沸く那加町の様子を伝えている。

他方で、女性たちへの圧力は強まっていく。一九四八年の宮城県を皮切りに、五五年までに一二府県、五二市町村で売春取締条例が制定されていった。多くは取締り対象を街娼婦に限り、性病検診を受けて登録している女性は対象外とした。岐阜県も海兵隊移駐直後の五三年一〇月三日に「岐阜県売淫勧誘行為等取締条例」を制定(同月二三日施行、県条例第三九号)したが、これは「公共の場所」や「公共の乗物の中」での「売淫」勧誘行為を禁止したものであった。(18)那加町での同法による取締りは、国警稲葉地区署により、条例が施行された二三日から行われた。初日は道路上で勧誘行為を行っていたもの八名、立ちどまっていたもの八名、うろついていたもの二名を見つけ、注意するにとどめた。稲葉地区署では売春取締条例施行一カ月間は指導期間として説諭程度で帰宅させていたが、三〇日夜から本格的な取締りに入り、同夜二二歳の女性を同条例違反の初の現行犯として検挙する。取締り人数は、一九五三年・五七四名、五四年・八三七名、五五年・五六八名、五六年・四〇二名に達している[19]。

多くの女性たちの人権侵害の上に、海兵隊の駐留は維持されていった。

基地被害と女性

一九五三年九月二日、キャンプ岐阜へと移駐した第三海兵師団長ロバート・H・ペッパー少将は記者会見を行い、「那加町には五、六千人の海兵隊員が駐留することになるが、今まで日本人と米軍人の間にトラブルがあったのは習慣の違うことが原因だったようだ。このため隊員には本国で日本の習慣についてよく教育してきたので、こんどは誤解を生ずるようなことはないだろう」と述べた[20]。しかし、この言葉とは裏腹に、海兵隊の移駐は地域に深刻な被害をもたらすことになる。五四年二月一一日付『岐阜タイムス』は、岐阜県下での米軍の犯罪は五四年に入ってからのおよそ二カ月間で約五〇件に達し、このすべてが日本側で起訴されなかったと伝えている。

第三海兵隊の移駐直後には、「那加事件」として全国に知られる事件が引き起こされる。一九五三年九月九日午後九時ごろ、那加町東那加町で酒に酔った四名の海兵隊員が民家の窓ガラスをたたき壊しているとの通報があった。現場に駆けつけた国警稲葉地区署那加派出所の二名の警察官が海兵隊員と乱闘となり、ピストルを三発発射する事件が発生する。弾の一発は海兵隊員の腹部に、もう一発が別の海兵隊員の太もも部に命中した[21]。

新聞の取材に対し目撃者の二八歳の青年は「午後九時半ごろ黒人らしい一名を交えた米兵四名が付近の窓ガラ

ス戸をクツや手でバリバリと破っているのをみつけたので折柄警ラ中の両巡査に連絡したところ米兵は逃げ出したので私と両巡査と追いかけたところ米兵は日ノ出町一六市場を経て本町通りへ逃げ出したので約五百メートル追跡したのち熊崎巡査がピストルを構えたまま十六銀行前まで下がり、そこで巡査は威嚇射撃をしたが、米兵はなおも抵抗するので遂に発砲、うち二人を倒した」と当時の様子を語り、発砲した警察官は「暴行している米兵を発見、追跡して相手が抵抗したので初めは威嚇するつもりで射《う》った。そのうち拳銃を奪われそうになり身の危険を感じたので発射したのが命中した」と証言している。[22]

　岐阜地検は一〇月三日、米兵に発砲した巡査を不起訴とし、第三海兵師団司令官も「日本側で処置すべきことで何もいうことはない」としてこれを認めた。[23] しかし、事件は地元ばかりか全国に大きな衝撃を与えた。

　悲惨な女性への犯罪も後を絶たなかった。一九五四年四月二八日午前零時五〇分ごろ、那加町新加納東町の民家に二〇歳の海兵隊員が忍び込み、七一歳の女性の顔を殴りつけて強かんし、被害者が二時間後に死亡する事件が発生した。[24] この事件は日本側で第一次裁判権が行使され、犯人には懲役一二年の判決が下された。[25] しかし、女性への被害は後を絶たなかった。五五年一月二三日午後一〇時二〇分ごろ、那加町桜町で通行中の二〇歳の女性を二名の海兵隊が呼びとめて小路に連れ込み、強かんしようとして顔面や頭部を殴打して逃走する事件などが起こっている。[26]

　米兵を相手とする女性たちの存在は、一般女性への米兵による性犯罪の防波堤とはならなかった。このような海兵隊員による女性への性犯罪は、キャンプ岐阜周辺ばかりではなく、海兵隊が駐留した各地で頻発することになる。

2　キャンプ奈良とキャンプ大津

米軍駐留とR・Rセンター

米軍基地が点在した奈良の女子中学生が記した、一編の詩がある。(27)

　　この事実を

白いペンキを塗った小さい板に書いてある。
「このまわりをうろつくものは射殺されるかも知れない」
歩きながら、きっとくちびるをかみしめている子。涙ぐんでいる子。

日本人がこの国土の中で
足をふみ入れることを禁じられている地域があるということ――
この事実を、私たちはどう考えたらいいだろうか。

この中にある冷厳な建物――これは正しいものだろうか。
正しくないものだとすれば
私たちはどうすればいいのだろうか。

奈良市奈良学芸大学附属中学校三年
伊ヶ崎明子

奈良への米軍の進駐は、一九四五年九月二五日からはじまる。奈良に進駐した米軍は、A・B・C地区（日本陸軍第三八連隊跡地―奈良市高畑町・紀寺町）、D地区（興亜機械工業跡―奈良市横領町）、E地区（西武国民勤労訓練所跡―奈良市法華寺町）、黒髪山ハイツ（奈良市法蓮町）などにキャンプを設置し、総称して「キャンプ奈良」とした（【写真2―2】）。米軍の駐留は、基地被害のはじまりでもあった。四五年一一月二四日には、奈良公園の帝室博物館（現在は奈良国立博物館）前で県庁職員が米兵に刺殺される事件が起きている。[28]

朝鮮戦争で中国人民義勇軍の参戦に直面した「国連軍」は、前線ばかりか指揮所でも退却病（バック・アウト・フィーバー）が蔓延し、新たに第八軍司令官に着任したリッジウェイは、軍の士気を立て直すことからはじめなければならなかった。そこで、前線の戦闘に従事した兵士を数日間、日本で休養させるローテーション・システムが確立されることになる。日本は朝鮮で戦争を戦う兵士の休養地となり、米軍公式の「帰休基地」であるR・Rセンター（Rest and Recuperation Center）が各地に設置される。[29] 奈良では、一九五二年五月に大阪市内からR・RセンターがキャンプD地区に移転・開設される。周辺にはキャバレーやカフェ、レストランやギフトショップなど約七〇軒が立ち並ぶ「アメリカ村」が出現し、米兵を相手とする女性やポン引きなど約二五〇〇人がここに集まった。[30]

【写真２－２】キャンプ奈良（1946年、48年の国土地理院航空写真を加工）

R・Rセンターから海兵隊基地へ

一九五三年八月一二日、大津にあった米軍西南軍司令部は、奈良R・Rセンターを閉鎖して神戸に新しくR・Rセンターを開設するという正式決定を発表する。しかし、奈良では、米軍施設の拡張工事がこの発表前から急速に進められる。奈良県評（奈良県地方労働組合総評議会）やユネスコ協会、奈良医師会などによって構成された「RRセンター廃止期成同盟」の代表幹事は、「R・Rセンターが奈良の土地からなくなるということは、われわれの目的が一応達成されることになったのだから、大へん喜ばしい。米軍の永久使用となっている同センターの建物が今後なにに使われるかにわれわれは重大な関心をもつ」と米軍の動きを警戒した㉛。

不幸にもこの危惧は的中する。R・Rセンターが神戸に移転すると、今度は第三海兵師団が移駐し、キャンプ奈良には第四海兵連隊の司令部が置かれることになる。神戸港に上陸した海兵隊は、一九五三年八月二三日の午後九時五〇分、臨時列車で第一陣が国鉄（現在はJR―以下同）奈良駅に到着したのをはじめ、次々と奈良へ移動を開始する。「RRセンター廃止期成同盟」は、八月二二日の幹事会での決議に基づいて、岡崎勝男外相に「海兵隊の奈良市への移転絶対反対」の旨を打電し、二四日には奈良県、県議会、奈良市、市議会に対して兵隊移転反対などを申し入れた㉜。奈良RRセンター廃止期成同盟は、一二月二二日の総会で同会の解散とともに、新たに保守革新を含む奈良非武装都市建設同盟（仮称）を結成することを満場一致で承認し、海兵隊駐留下で反基地運動を継続していく㉝。

一九五三年八月二六日付『朝日新聞』奈良版は、「野戦服、鉄カブト、自動小銃に身を固めたものものしい海兵隊の姿や迫撃砲、バズーガ砲、火炎放射器などの兵器の数数、さては重々しい音を立てて走る軍用大型けん引車のひんぱんな往来などを見守る市民は『一体どうなるのか』といった不安な表情である」と海兵隊を迎えた地域の様子を伝えている。この不安は現実のものとなり、地域は海兵隊による事件や事故に苦しめ続けられることになる。

米軍人・軍属とその家族による奈良県下での犯罪は、一九五三年の発生件数二件・検挙人数三名が、翌年には発生件数一一二件・検挙人数九八名へと激増していった。[34] 五三年九月五日付『大和タイムス』は、「全国的には駐留軍の犯罪は占領当時からみれば著しく減少しているようだが、最近の奈良市内に駐留するこれらの兵士の犯罪は逆に激増の傾向を示しており、海兵隊が駐留してからわずか二週間の間にすでに十件の駐留軍兵士による犯罪が発生している。しかも日本人の被害者は泣き寝入りが多いため実数ははるかにこれを上回っているという見方もある。〔略〕犯罪の内訳をみると住居侵入三件、暴行一件、窃盗二件、詐欺一件、同未遂一件、キ物破棄一件、業務上過失傷害一件となっている」と伝えている。五四年七月三日付『大和タイムス』は、「〔犯罪増加の〕原因について〔略〕最大のしかも直接の原因は昨年十月二十九日の日米行政協定の改定で駐留軍兵士犯罪の検挙および裁判権が日本側に移譲されたため事件が発生すればただちに検挙されるのだが日本側の警察、検察庁で取調べた結果よほど大事件でないかぎり起訴されぬということである」「罪を犯す外人たちは、この起訴されないということをよく心得ており、それを味方に悪く利用する者が多い。というのは日本側で検挙され取調べられた時に、徹底的に犯行を否認すれば、軍律でも罰せられないことになっているからである」と指摘している。

増大する性犯罪

海兵隊が移駐した翌日から、奈良では海兵隊員の事件が続発する。八月二四日の夜中、キャンプE地区に入った海兵隊員三名が国鉄の線路を伝って佐保田町に現れ、「パン、パン」「ムスメ、ムスメ」と連呼しながら、次々に民家の戸をたたく事件が発生した。午後一一時半ごろには、奈良市佐保田町不退寺市営住宅の会社員宅に突然海兵隊員一名が入り込み、住民に「パン、パン」、空の財布を広げて「ノー・マネー」といいながら詰め寄り、住民の「ノー、ノー」の返事で外に出た。外には、他に二名の海兵隊員がいた。犬が吠えたために付近の住民は戸を閉め切ったが、海兵隊員らは次々と「パン、パン」と叫びながら戸を叩いてまわった。一時間後にも再び姿を現わして戸をたたいてまわり、一件の民家に侵入し、住民の通報で駆けつけた奈良市警の警察官に説得されてキャンプへと戻っていった。この事件をうけて奈良市警はキャンプ奈良ＭＰ本部に厳重な抗議の申し入れをすると同時に、パトロール回数の増加やキャンプ付近へ警察派出所の設置などを決めた。被害に遭った住民は、「私はすぐ裏に逃げましたが、その晩は恐ろしくて眠られませんでした。こんなことが毎晩続くのならとそればかり考えています。なんとかならないでしょうか…」とこの夜の恐怖を証言している。[35]

翌二五日の夜にも、国立奈良病院に数度にわたって柵を乗り越えて海兵隊員が進入する事件が引き起こされた。二五日午後六時半ごろ、奈良市高畑町の国立奈良病院表門から作業着姿で拳銃を持った海兵隊員が現れ、玄関横の垣根を破り、院内に進入して駆けつけたＭＰに逮捕された。さらに午後八時半ごろにも、酒に酔った二名の海兵隊員が「パンパン・ハウスに案内せよ」と言いながら病棟や看護婦室前を歩き回り、これも駆けつけたＭＰに逮捕された。[36]

相次ぐ海兵隊員の事件を受けて、八月二七日に海兵隊第四連隊副司令官とキャンプ奈良ＭＰ副隊長が奈良市助役を訪ね、問題を起こした隊員は断固処分するとし、国立病院に進入した一名は軍事裁判により重労働六カ月、俸給停止六カ月の判決で本国へ送還され、刑期満了後に不名誉除隊にされると報告した。[37]

しかし、海兵隊員による犯罪はこの後も絶えることはなかった。その一番の被害者は女性たちだった。

一九五三年一〇月二八日の早朝、キャンプ奈良に勤務する二三歳の女性が奈良市綿町の路上を歩いていたところ、一九歳の海兵隊員に無理やり米軍トラックに連れ込まれ、強かんされる事件が引き起こされた。犯行日は、改定日米行政協定により日本側に第一次裁判権が移管される前日だった。[38]五四年二月一〇日の午後六時ごろには、

ＰＸ（Post Exchange　米軍基地内売店）レジスター係の一九歳の女性が、海兵隊キャンプのトイレで海兵隊員に強かんされた[39]。また同年七月一八日にも、キャンプ奈良内の洋服店に勤めていた一八歳の女性が海兵隊員に強かんされている。被害者が被害を苦に家出したために、発覚した事件だった[40]。

「パンパン」女性への犯罪

海兵隊員による女性への性犯罪が頻発する一方、海兵隊に「クリーンな売春」を提供するために、日本政府や奈良県、奈良市は売春女性たちへの人権侵害を強めていく。

一九五四年一月二〇日付『朝日新聞』奈良版は、海兵隊の駐留によって活発化する米兵相手の業者の様子を、「ＲＲセンターが昨年九月神戸へ引越してから火の消えたようにさびれきっていた奈良市横領町の同センター前キャバレー街は、三十七軒のうち約半数の店が奈良市内四カ所に現在分駐している約四〇〇〇人の米海兵隊員を相手に再び開店しようとの動きで活発となっている」「三十七軒のうち十八軒の業者は昨年末から奈良保健所に模範店の標識があるＡ級店※の指定を申請、同保健所では業者を集め講習会を開いて指導した結果、去る十二日希望通り全部Ａ級店に指定、これで海兵隊員の受入れ態勢は整ったとしている」と伝えている。

※Ａ級店（Ａサイン店）――保健所が厚生省の食品衛生法に基づく審査基準によって米兵が利用する飲食店や風俗店を審査・認可し、米軍側は規則で将兵のＡ級店（Ａサイン店）以外への出入を禁止した。

米軍の圧力を受けながら、日本側は海兵隊へ「安全な売春」を提供しようとし、米兵を相手にする女性たちへの弾圧を強める。奈良県予防課は、一九五三年九月一日から一五日にかけての調査で六名の海兵隊員が日本人女性から性病に感染したと発表し、感染源を調査して性病予防法違反で摘発を強化していくとした[41]。また、キャンプ奈良憲兵司令部も奈良市内の三キャバレー業者が悪質化し、売淫を斡旋あるいは扇情的な行為で駐留軍将兵の風紀を乱しているとして、九月二一日付で兵士の不定期立入禁止を命令し、同時に三業者に警告を発するなどの対策を進めていく[42]。以降、日本警察、奈良県、米軍が協力しながら街娼など米兵を相手にする女性たちへの「狩り込み」と呼ばれる強制的な身体拘束―強制検診―有毒者の強制入院策を強めていく。

一九五四年一一月二〇日付『大和タイムス』は、県立奈良病院に強制入院となった女性たちをレポートしている。この病院は「パンパン」だけを収容する病院で、多いときには二五名から三〇名の女性が収容されていた。

これら売春婦たち、とくに最近増加の一途をたどる外人相手の街娼のほとんどが一家の生計を立てるため、子供の教育、戦争で夫を失い、とうとう売る物がなくなってしまった、まじめな働き口がみつからない、といった経済的理由からパンパンに身を持ち崩していることだ。

同病院に入院中の一人が「里（島根県）には肺病で四年間床につききりの夫と子供が二人、それに老いた両親がいて、毎月一万四千円以上を仕送りしなければやっていけないのです。R・Rセンターでは一夜一万円―五万円くれる兵隊もいたと友人が話していますが、いまでは毎月働いても二万円ほどしかなりません。だのに十日間入院していると、里の夫や親たちの送金ができなくなり、たってもすわってもいられない気分です」といい、また見舞いにきていたその友だちは「以前入院させられたときは、もっとかせぎよかったし、オッサン（相手の兵隊）もペーデー（月給日）にはドレスなんかも買ってくれたが、近ごろはそれどころか金もろくに払ってくれない兵隊もいます。いま入院させられたらヒあがってしまう」と語っている。

「入院させられるとやっていけない。だからカベにカレンダーなんか書いて退院日数を数えたり、一日でも早い退院したいと涙に訴えるパンパンがことしに入って現れてきた」と同病院の看護婦は語ってくれたが中には三十円の検診料すら持っていないものもある。

女性たちは強制入院中には収入が断たれ、さらに入院費や治療費は彼女らの負担となるために、より一層、経済的に売春に縛り付けられていく。また、一九五四年八月一七日付『大和タイムス』も、大和タイムス社が開催した駐留軍相手のキャバレーで働いている三名の女性の座談会を掲載し、「現在の職業についた原因は、ほとんどが口をそろえて〝戦争のためだ〟といっている。戦争のため父を失い、兄を亡くしてしまった彼女らに、母や幼い弟の世話をやくことは当然の義務となってしまったのだ」と報じている。彼女らの多くは、戦争や貧困のために米兵への売春を強いられていた。

女性たちは、日本警察や米軍の人権を侵害した取締りばかりではなく、半ば非合法に追いやられていたために厳しい搾取をも強いられた。稼ぎの三割を親方に、三割をポン引きに渡さなければならなかった(43)。さらに彼女たちは、米兵による様々な被害にも遭遇した。新聞には、次のような海兵隊による犯罪が報じられている。

●一九五四年六月一二日夜、奈良市鶴福院町のカフェー〝ツルカメ〟で海兵隊員が同宿を断った一九歳の女性を数回殴る(44)。
●一九五四年七月一九日夜九時ごろ、旅館に遊びにきた海兵隊員が女性に断られたことに腹をたてて二〇歳の女性の顔を殴って逃亡する(45)。
●一九五四年八月二〇日午後九時ごろ、奈良市押上町のカフェー・オールポールで、他の兵隊と仲良くしていることを怒った海兵隊員が二五歳の女性を殴り全治三日の打撲擦過傷を負わせる(46)。
●一九五四年九月一七日午前一〇時三〇分ごろ、奈良市田中町カフェー〝ラッキー〟の二二歳の女給がダンスをしていた海兵隊員に暴行を受け、顔に四日間の打撲傷を負う(47)。

海兵隊の駐留は、このような女性たちの人権侵害と被害の上に成り立っていた。
海兵隊員による性犯罪は、キャンプ大津の周辺地域でも引き起こされている。

キャンプ大津と女性

キャンプ大津の歴史は、一八七五年、日本陸軍の第五大隊を基幹に改編された第九連隊が駐屯したことにはじまる。第九連隊は、西南戦争（一八七七年）、日清戦争（九四〜九五年）、日露戦争（一九〇四〜五年）、第一次世界大戦の青島攻略戦（一四年）を戦ったが、第一次世界大戦後の軍縮の影響を受け、二五年にそのほとんどが京都の深草に移転する。四〇年になると、陸軍軍令改正で再び大津に連隊区司令部が復活し、京都連隊区より分離された大津連隊区は、「軍都」として発展していく。[48]

米軍の大津への本格的な進駐は、一九四五年一〇月四日、五日の二日間に行われた。先に京都へ進駐していた第六軍第一軍団三三師団のうち、第一三六連隊の二九一〇名が列車で進駐し、際川の大津・滋賀両海軍航空隊、別所の大津陸軍少年飛行学校の兵舎に駐屯した。米軍が駐留したキャンプ大津は、北射撃場（大津市山上町）、南射撃場（大津市大谷町）、キャンプ大津A地区（大津市上山町）、キャンプ大津B地区（大津市滋賀里町・下坂町）、皇子山ハイツ（大津市山上町）、坂本飛行場、水耕農園（大津市下坂本町）、狩猟小屋（ハンチングロッヂ　大津市坂本町）の八カ所・合計三五万坪（約一一六ha）から成っていた（【写真2―3】）。米軍の進駐以来、キャンプ大津に隣接する三井寺下一帯は「三井寺下租界地」と呼ばれ、アメリカ軍相手のバーやレストランが立ち並び、街娼の女性たちが集まってきた。[49]

大津市が一九五三年八月五日に発表した調査結果によると、基地周辺二㎞以内の「特殊婦人」の数は、山上町

【写真２－３】キャンプ大津（1952年の国土地理院航空写真を加工）

五〇人をはじめ二六町内で一六三人、女性たちに間貸しをしている戸数は一〇〇戸以上にのぼった[50]。八月下旬から第三海兵師団のうち約一五〇〇名がキャンプ大津に移駐してくるに伴い街娼婦も増加していった[51]。海兵隊が移駐した大津では、九月二一日に大津市青少年問題対策協議会が開催され、基地周辺の児童対策を強化するために、市福祉協議会が主体の専門委員会を設けるなど、対策に追われることになる[52]。

海兵隊の移駐によって米兵による犯罪も増加し、ここでも海兵隊による女性への性犯罪が発生している。一九五四年九月一四日午前零時ごろ、大津市のクリーニング店に二名の米兵が侵入し、一八歳の住み込み店員を強かんする事件が引き起こされる。犯行を行った米兵は、「ゴメンナサイ」と言ってその場を立ち去った。ショックを受けた被害女性が事件直後に琵琶湖で入水自殺を図ろうとするのを、顔見知りの海兵隊員が見つけて事件が発覚する[53]。

五月一五日、CID（Criminal Investigation Command　陸軍犯罪捜査指令部）係官に付き添われて大津署に出頭した第三海兵師団第九連隊の二名の海兵隊員が犯行を自供し、逮捕される[54]。しかし、事件はこれで終わらなかった。翌一六日の午後一時半ごろ、大津市の柳ヶ崎海水浴場の砂浜で若い女性が苦悶しているのを通行人が見つけ、日赤大津病院に搬送された。ブロバリン一〇〇錠を飲んでおり、意識不明の重体だった。この女性は二名の海兵隊員に強かんされた被害者だった[55]。犯人が捕まった後も、性犯罪は被害女性を苦しめ続けた。

3　キャンプ大久保と長池演習場[56]

京都飛行場の建設

京都駅から近鉄電車京都線で急行に揺られること約二〇分、宇治市西部にある大久保駅に到着する。今は高架線にあるこの駅から西側一帯を見渡すと、自衛隊大久保駐屯地が広がっている。ここに駐屯する陸上自衛隊中部方面隊第四施設団は、一九九二年にカンボジアへ派遣された国連平和維持活動（PKO：Peacekeeping Operations）部隊の基幹を担った。この自衛隊大久保駐屯地は、かつてはキャンプ大久保と呼ばれた米海兵隊が駐留した基地で、周辺の子どもたちにさまざまな基地被害を強いた。

　中国への侵略戦争が深まった一九三九年、逓信省は防空とパイロットの養成を目的に全国一〇カ所に飛行場計画を立てる。巨椋池《おぐらいけ》干拓地も候補地のひとつだったが、この干拓事業は農業振興を目的とした国策事業であり、大工業地帯を造成する計画でもあったために除外された。かわりに飛行場計画の白羽の矢が立ったのが、佐山村、大久保村を中心に小倉村、宇治町、御牧村《みまきむら》にかけての一帯（現在は宇治市、久御山町《くみやまちょう》）であった。三九年二月の新聞報道で飛行場建設計画を知った佐山村は結束して反対運動を展開する。しかし、「国家的事業の大乗的見地」から計画は推し進められた。赤松小寅京都府知事は佐古尋常高等小学校に農民を集め、「お前ら百姓をしたかったら満州に広い土地があるので、みんなそこへ送ってやる」と発言している。農民から耕作地を接収する強制的な飛行場建設は、新聞報道によって「時局協力」の美談にすりかえられていった。[57]

　逓信省の飛行場建設用地は、併設された日本国際航空工業の飛行機工場もあわせて一〇五・七八haで、工事は京都府に委託された。一九四〇年から三年の継続事業であった。飛行場の造成工事だけでも一日二〇〇〇名の労働者、二七台の機関車、六〇〇台のトロッコ、延べ四〇㎞のレールを使った大工事であった。この過酷な工事を担ったのは朝鮮人労働者だった。現在の自衛隊大久保駐屯地の北側に、「ウトロ」と呼ばれる在日コリアンが暮らす集落があるが、そこは京都飛行場建設のために集められた朝鮮人労働者の飯場を起源としている。ウトロの土地を所有していた日産車体（京都飛行場建設を請け負った日本国際航空工業の後身）が住民に何の相談もなく土地を売却したため、八八年に住民は退去を求められ、日本や韓国で大きな社会問題となった。[58]三〇年もの月日を要した二〇一八年になって市営住宅が建設され、住民の入居がはじまったことでこの問題は解決に向けてようやく一歩を踏み出した。この地域は在日コリアンが強いられた痛苦の歴史が刻み込まれた場所でもある。

飛行場建設工事もほぼ完成した一九四二年四月二一日に航空機乗員養成所が開所すると、国民学校初等科を卒業したばかりの幼い子どもたちが入所してくる。その先に待っていたものは「戦争」だった。例えば、第一三期操縦生は五九名が入所し、卒業できた者五三名、卒業後から終戦までの一年五カ月の間に特攻戦死一名を含め一三名が戦死している。各地の乗員養成所の転配属が頻繁におこなわれたが、京都で教育を受けた生徒は、五〇〇名をはるかに越える。その多くが戦争の中で他者の命を奪い、自らの命も奪われることになる。

また、飛行場に併設された日本国際航空工業大久保工場では、桃山高等女学校や京都府女子師範学校（両校は統合して現在は京都府立桃山高等学校）の女生徒たちが働かされていたが、米軍機の空襲によって大きな被害を出している。一九四五年七月二四日の朝には、九度目の空襲に見舞われ、六名の女学生が犠牲となった[59]。

米軍の進駐と子どもたち

敗戦を迎えると、米軍の空襲を避けて周囲の森に疎開中だった日本陸軍赤トンボ（四式基本練習機）は、その場で焼却された。武器弾薬類は米軍に引き渡すために格納庫に集められ、数台の貨物自動車は近隣の町村に一台ずつ寄贈された[60]。

一九四五年九月二五日、京都飛行場にも連合国軍が進駐し、「キャンプ大久保」となった。同日、国鉄奈良線の新田《しんでん》駅に午後二時四六分の列車で六〇〇名、同四時四十分の列車で六〇〇名、同六時三九分の列車で六〇〇名、翌日午前四時一三分の列車で二五〇名、合計二〇五〇名の米兵が到着し、大久保の元航空機乗員養成所に入営する。また車両一六三両でも同施設に進駐した[61]。

田園風景が広がっていた京都飛行場跡、キャンプ大久保の周辺地域は、「基地の街」へ変貌をとげていく。「米軍が駐留してくるまでは久世郡大久保村といわれて全くの田舎だった。ただ、奈良に至る国道二十四号線の街道筋で一、二軒のダ菓子屋があるだけだった。これが戦後二十一年大久保の国際航空工業後に米軍が入り、またたくまに歓楽街が出来上った」[62]。大久保村では、一〇月一六日には同村議・消防団長の経営するキャバレーが最初に開店し、ここではビール一本四円、酒一合三円という値段であった[63]。

当時の子どもたちは、米軍の進駐を次のように回想している。Mさん（一九二九年生／男性）とAさん（一九三九年生／男性）は、次のように述べる[64]。

Mさん―日本が外地でやったからやろうと思いますが、「娘さんを持っている家は用心せなアメリカ人来よるで」とみんな家の入り口のカギをしめたりしていました。日本の軍隊が、私の想像やねんけど、中国でそういうことをやっていたさかいに、米兵が来よったら娘さんに何しよるでって。

Aさん―そんなことあった、あった。そりゃ聞いたことある。みんな言うとった。女、子どもは外に出さへんかった。代々続いた畳屋さんがキャバレーになったこともありました。米兵を相手にする店は、けっこう多かったと思いますよ。

Mさん―当時、近鉄の駅の所に、我々「パンパン」と言っていましたが、米軍相手の慰安婦やね。夕方なんかになるとようけ来よったわ。進駐軍のちょっと上の方の偉い人やったら、家を借りて女を住まわしてね。

また、現在の京都府立支援学校の場所にあった京都府立城南高等女学校に通っていたYさん（一九三三年生／女性）とSさん（一九三一年生／女性）は、次のように語った[65]。

Sさん―米軍がね、新田の駅に降りた時には本当に怖かった。「女はみんな、裏に隠れろ」と言うて。私らも姉妹ばっかりやったしね。母とばぁっと裏に隠れたことがありますわ。米兵は怖いと思ってましたやろ。

Yさん―女学校に通うのに、新田の駅に階段があったのですね。ガム噛んでね、とんがった細長い帽子をかぶって。私らは、怖いといって階段を走って駅にね。父親が怖がって、国鉄を使わずにバスで通うようになりました。

キャンプ大久保と海兵隊

キャンプ大久保には、朝鮮戦争の最中から海兵隊部隊が駐留していた。一九五二年から二年間、キャンプ大久保に駐留したポール・ブランシェットさん（当時一八歳）は、京都新聞にメールで次のように証言している。海兵隊軍曹だったポールさんは、朝鮮戦争に従事するためにキャンプ大久保に派遣され、北朝鮮への上陸訓練を硫黄島などで繰り返す。戦場に送られることはなかったが、五三年七月に休戦協定が結ばれた後もキャンプ大久保に駐留し、旧日本軍の兵舎で生活したという[66]。

朝鮮戦争休戦直後には、アメリカ本国と朝鮮半島からの海兵隊がキャンプ大久保に移駐してくる（【写真2―4】）。一九五三年一一月一日付『都新聞』は、「桃色に彩る『基地大久保』」と題するレポート記事を掲載して、海兵隊駐留下の「基地の街」大久保の様子を次のようにレポートしている。

狭い日本に七百余り。府下でも十カ所を数える米軍の駐留地―〝基地という名の街〟はイザコザを起しながらも次第に根をおろしている。

【写真２－４】キャンプ大久保（1956年の国土地理院航空写真を加工）

G・Iを追って〝彼女たち〟が風の如く集まってくるといつか純朴な農村は桃色に彩られ、若い世代の心はむしばまれていく。

伏見藤森とともに宇治市大久保も日毎につのる植民地色に地元教育関係者を中心に環境の浄化がようやく高まってきた。〔略〕

宇治市の南端、奈良電〔現在の近鉄京都線—以下同〕大久保駅に下車すると木の香も新しい商家が人目を引く。道路を隔てた北側には金網越しに、赤い屋根の兵舎が十幾棟建ち並び、その西六万坪〔約一九・八三ha〕の空地には小型飛行機の発着する滑走路が「く」の字形に浮び上がる。飛行場に立てられた標識の吹き流しが、すぐ北側に隣接するウトロ部落にひるがえる北鮮《〔ママ〕》旗と対照的である。〝キャンプ・オオクボ〟には大津西南地区司令部管下の技術部隊約八百名が駐留しているというが、朝鮮からの帰還兵二千名が近く帰ってくるもようで、キャンプ内には兵舎の建増しや、映画館クラブなどの新築工事が昼夜を通して進められている。踏切を東へ横切ると広野町繁栄街で果物屋、肉屋、本屋、食堂、ティルーム、ビアーホール、美容院、ホテル、薬局、医院などならんでいる。この通りが京都―奈良を結ぶ国道二十四号線と交わるところの東側に大久保小学校（四五〇人、校長向井信雄氏）がある。その東、広野町本通りの国鉄奈良線新田駅付近は民家に間借りする〝彼女たちのスィートホーム〟が散在、人口三千九百人のこの街に今なお百人余りが生活し、さらに増える傾向にあるという。〔略〕

宇治市内への道を東へ約一キロ、南側の高みにあるのが府立城南高校（約千二百人、校長森沢四郎氏）、また三方をキャンプの施設に囲まれた久世中学（千二百人、校長魚住実氏）は〝拘置所の見える校舎〟として有名だ。このような環境に置かれた学校当局者は若い生徒の教育に当惑するという。朝からジャズの音楽が流れ運動場からは〝彼女達〟の赤裸々な姿が見え（城南高）教室の窓のすぐ下にあられもない光景が展開する（大久保小）。またアベックで校庭を通る彼らはかつては教室を逢いびきに使い、戸締りが厳重になったこのごろでは校舎の周囲や廊下で行われ、宿直の先生は安眠を妨げられている（大久保小）。下校の途中女生徒が米兵に追いかけられる（城南高）ことも数回あり、森沢城南高校長は「年ごろの生徒がこのような環境によって将来どのような影響を受けるか全く恐ろしい」と語っているが、同校では午後五時までには必ず帰宅させ、遅くなるときは先生が駅まで送り事故防止に苦心している。また久世中学では建設工事場やヘリコプターの騒音がひどく先生の声が聞き取れない時も度々だという。

子どもたちへの被害

キャンプ大久保に駐留する米軍は一九四九年から毎年、一二月になると大久保小学校など周辺の小学生を招いてクリスマス・パーティを開催していた[67]。先に紹介したAさんも、キャンプ大久保でのクリスマス・パーティに参加した一人である。そのときの様子を次のように語ってくれた。

僕が大久保小学校の四年生だったと記憶していますが、クリスマス会にも行きましたよ。米兵が招待してくれるんですわ。大きなクリスマス・ツリーがあって、僕らからしたら天国に来たみたいな感じですわ。そして、チョコレートとガムをくれるんですわ。当時の日本のガムとは違います。本当においしかった。そやさかい、うれしかったですわ。

しかし、このような米軍の「慈善活動」の一方で、キャンプ大久保周辺の地域も海兵隊の引き起こす犯罪など、多くの基地被害に苦しめられ続けた。とくに深刻だったのが、女性や子どもたちへの被害だった。

三方をキャンプ大久保に囲まれた久世中学校（現在は西宇治中学校）も、基地被害に苦しめられる。戦後、一九四六年の学制改革により、教育期間が小学六年・中学三年・高校三年の六三三制となった。久世中学校は四七年、大久保村など五カ村の組合立学校として旧日本国際航空工業にあった病院の建物に開校する。付近一帯は旧日本軍用地として進駐軍が接収しており、サンフランシスコ講和条約発効後は校舎と運動場敷地二・七七六haが接収解除となり、同組合（市町村再編により宇治市、城陽町組合）が買収した。しかし、五三年二月中旬に学校東南部に米軍営倉六棟が建てられ、軍刑務所が設置される。また、西北側では飛行機滑走路が設置され、三月上旬には一〇機の飛行機が離着陸をするようになる[68]。

久世中学校に通っていた子どもたちは、当時の様子を次のように回想している[69]。

現在、学校の東側にある自衛隊官舎は、当時は、米軍キャンプの一部になっていて、全くの広場でした。そこでは、毎日、後から銃を突きつけられながら、米兵が作業をしていましたが、その中でも黒人兵の姿が、今でも強く印象に残っています。噂によれば、営倉に入れられた兵隊の作業か訓練の場であったとか。

校庭の草むしりの最中、突然パン、パン、パンと云う音がする。音の方を振り向いて見ると、米軍（進駐軍）が自動小銃でトンビを撃っているのだ。私達のすぐ近くで…。また、授業中、ガラスのない窓から二米もある米兵が私たちを見て訳のわからない言葉で何かペラペラ云っている。ゆっくり勉強なんか出来やしない。

そこは私たち中学生からはまるでおとぎの国のように見えた。アメリカ軍の中は、アスファルトを敷きつめた美しい道路でありプールにはいつも青々とした水が満々とたたえられ、いつも水しぶきを上げて、これ見よがしに若いＧＩたちが泳いでいた。そして何よりも気になるのは、私たちの口にはとうていとどかぬものの匂いがただよっていることだった。

子どもたちの米兵に対する感情は、恐れやあこがれなどさまざまである。しかし、基地に隣接していた久世中学校は、間違いなく「戦場」に直結していた。

一九五三年八月三一日にはカービン銃で武装した海兵隊四個小隊の一二〇名が東側の垣根を越え中学校敷地に侵入し、一時間半にわたって校庭で訓練をおこなうという事件があった。宿直の教諭は問題がこじれるのを恐れて、教頭に電話で報告することしかできなかった。幸いにも夏休みであったため生徒は登校していなかったが、もし通常の学期中だったと考えるとぞっとする。さらに、翌日の九月一日午前一〇時ごろにも、再び武装米兵約三〇名が同校の南側から垣根を乗り越えて侵入し、校内で訓練をしている。(70) 事件を起こしたのは一週間ほど前にキャンプ大久保に移駐してきた海兵隊で、海兵隊高級副官エマーソン少佐は「地続きの久世中学校をキャンプの一部と誤認して入ったもので全く悪意はない」と陳謝している[71]。

また、久世中学校の騒音被害は深刻で、授業もまともに聞き取れないような状態であった。一九五四年三月二〇日付『読売新聞』京都版は、城陽町から米軍への申し入れを報じている。この内容は、「①運動場の東に接続している約一万坪〔約三・三ha〕の重車両駐車場で毎日ブルドーザー数台が操業し、防音装置がないため騒音で運動場での集合は不可能であるばかりか、教室内でも大声をださねば生徒に通じない。②校地南側に隣接する接収地内に新たな建設工事が実施され、騒音が南校舎に響くときに金属的な断続音で生徒、教師ともに精神的な疲労があり学習上支障を来している」というものである。五五年五月一九日付『京都新聞』は、「〔五月〕一六日以来、米軍ヘリコプター約八機が同地と約四キロ離れた府下久世郡城陽町米軍長池演習場から飛来、約二十分間隔で荷物、兵員の輸送を行っているがヘリコプター発着地点が教室からわずか八十メートルしか離れていないので校舎の窓ガラスは爆音のためびりびりふるえ、先生の話もほとんど生徒達に聞きとれずこの間は黒板に書かれたのをノートするより仕方がないといったありさま」だと伝えている。このような基地による被害のため、久世中学校は再三にわたり廃校の危機にさらされている[72]。

一九五四年二月二〇日には、あってはならない犯罪が起こされる。午後の七時頃、一人の男性が奈良電鉄大久保駅近くの雑木林で泣きながら助けを求める一〇歳の女の子を見つけ、家まで送り届ける。女の子は父親に米兵に乱暴されたことを告げ、病院で手当を受ける。全治三週間の裂傷を負っていた。被害者の女の子が父親と医師に語ったところによると、「学校は半どんでお昼過ぎに帰宅、昼食後一人で遊びに出掛けた。家からほんの五、六軒〔約九m～一一m〕離れた山手で、何時ごろだったろう、暗くなってきたので帰ろうとしていると後ろからグッと腕をつかまれた。恐ろしくて声も出ず、ただ引きはなそうともがいたが黒い手は強く、近くの竹藪の中へ引きずりこまれた…。兵隊が逃げてから驚きと痛さに声をたてて泣いていると、通りがかりの人が見つけて家まで送って来てくれた」というのだ。[73]

容疑者として逮捕されたのは、キャンプ大久保の第七九工兵隊に所属する二〇歳の海兵隊員だった。キャンプ内の拘置所に拘留された後、身柄を京都拘置所に移された。日本側で容疑者米兵の身柄を拘留した全国で初めてのケースであった。[74] 五五年二月一日に、この海兵隊員には懲役八年の刑が確定する。[75]

この海兵隊員は朝鮮戦争に参加し、事件の前年にキャンプ大久保へと帰還していた。裁判で弁護側は、朝鮮戦争で負傷して以来、被告は酒に酔うと異常行動に出ると主張し、四月一五日の第一回公判で被告は「私は酔払っていたので当時のことは余り覚えていない。昨年朝鮮から帰って適当な方法で気持ちを柔げたいと思っていた。当時私は異常な精神状態にあった」と述べている。[76] 過酷な戦場での経験から心身に支障をきたすＰＴＳＤ（Post-Traumatic Stress Disorder　心的外傷後ストレス障害）だったのかもしれない。ＰＴＳＤが大きな問題として認知されはじめるのは、ベトナム戦争後のことである。

この事件は大きな問題となり、三月五日の京都府議会でも取り上げられ、蜷川虎三知事は「われわれは決して土人〔ママ〕ではないのです。この点はもう少し基地における外国軍人というようなものについて、われわれ日本人として、独立国の日本人として反省を促さなければならない。こういう点では知事としても無関心ではございません」と答弁している。[77] また地元では、城南高校・久世中学校・大久保小学校の校長、ＰＴＡ会長、市教委代表らによる再発防止の申し入れがキャンプ大久保におこなわれ、これに対して米軍側は「今回の事件についてはまことに申訳ない。異常なたった一人の兵隊のためにこの不祥事件が起きたのは残念で、取調べ中の事件が落着、正式に責任の所在がはっきりすれば少女とその家族の方々を慰められるものなら何とかしたい」と回答している。[78]

しかし、これで米兵による女性への犯罪は終わることはなかった。一九五五年一月一二日には、新田駅付近で一九歳の女性会社員がいきなり後ろから米兵に抱き付かれ、大声を出して抵抗すると顔面を殴打され全治三日の傷を負っている。[79] その後も、「〝酔っぱらい兵士〟が町内の女風呂をのぞき込んだり、青年団役員会から帰宅途中のB子さん（二〇）が駐留軍兵士から追跡され」るという事件が続いた。[80] 基地がある限り、基地がもたらす被害から逃れることは決してできなかった。

長池演習場と子どもへの被害

キャンプ大久保の海兵隊が使用した長池演習場でも、多くの子どもたちが犠牲を強いられている。

一九一〇年、現在の城陽市にある長谷川一帯の土地一二七町歩（およそ一二六ha）が陸軍によって一反（約九九二㎡）あたり約四〇円で買い上げられ、演習場が建設された。[81] 敗戦後の四五年一一月一五日から元陸軍兵士が演習場の開拓に乗り出し、一九八ha中の一八haから開墾をはじめた。[82] しかし、四六年六月に演習場跡地は、進駐軍演習地として接収するとの通告がなされる。九haを残しただけで、五〇haが拓いた麦畑とともに接収されてしまう。[83]

米軍演習場と隣り合わせの農業は多くの困難を強いられる。一九四五年九月から五二年四月までの米軍による爆破作業の風圧で、長池開拓共同農業組合の住宅の窓ガラスが割れるなどの被害を受けている。五〇年四月から一一月までおこなわれた米軍部隊野営演習では、開拓地農地に米軍がテント設営をしたために新植茶園、スイカ畑、トマト・玉ねぎ畑、麦畑、さつま芋畑に甚大な被害が出ている。五〇年四月一六日には米軍の演習によって演習場山林から出火し、「焼跡は数年間、樹木の発芽が絶える為、今後植林をする必要がある」と地主八名が見舞金を請求している。また、米軍の爆発演習により演習地を流れる長谷川が土砂で埋まり、下流地域に大きな被害を与える演習被害も起きている。[84]

長池演習場の軍事演習は、朝鮮戦争休戦後に激化している。キャンプ大久保に駐留した海兵隊は、戦争の再発に備えて激しい演習を繰り返す。当時は新聞で演習日を伝えているが、一九五三年一一月一四日、一六〜二一日、二四〜二八日に実弾演習が、六〇㎜迫撃砲は五四年三月一七日と一八日の午前八時から午後二時まで、爆破作業が二十日から二七日の二時から、さらに三月二八日から三一日の期間にも演習が実施されている。[85]

演習による子どもたちへの被害は深刻だった。朝鮮戦争休戦後の一九五三年一〇月中旬ごろから長池演習場への海兵隊員へリコプター輸送が行われるようになり、隣接する青谷小学校をはじめ富野《との》、寺田、久津川の四つの小学校が騒音被害に悩まされる。朝の九時から一〇時までの一時間、海兵隊員はキャンプ大久保から長池演習場に輸送された。この間、一〇機のヘリコプターが一〇〇〇m間隔で五〇mの低空を飛行した。着陸から離陸まで六分から九分間の爆音が、一時間に三、四回も継続するので授業ができない状況だった。[86]

一九五三年一〇月二五日には、不発弾の爆発に小学生三名と警察官が巻き込まれ、青谷小学校に通う八歳の男の子が両眼を失明するという悲惨な事故が起きている。演習場には「ほとんど標識もなく、民有地との間に明確な境界線もない状態で、接収地といえども演習時でも子供が入り米兵と遊んでいるルーズさ」であった。[87] 五五年一月二四日付『読売新聞』京都版は、「最近では病床にある功君は『いつになったら学校へ行けるのかしら』と新学期を控えて見えぬ目に涙する悲しい日が続いている」と、この悲惨な事故の犠牲になった子どもの様子を伝えている。

海兵隊の駐留は、社会が何よりも守らなければならないはずの子どもたちに犠牲を強い、時にはその未来をも奪い取っていった。

（1）筆者訪問 二〇一八年一二月
（2）各務原市教育委員会編『各務原市史　通史編　近世・近代・現代』（一九八七年）、岐阜県編『岐阜県史　通史編　続・現代』（二〇〇三年）
（3）岐阜県編 同右
（4）岐阜県警察史編さん委員会編『岐阜県警察史　下巻』（一九八二年）
（5）岐阜県警察史編さん委員会編 同右、坂本一也「戦後日本における米軍の性政策と米兵に対する刑事裁判権について―キャンプ岐阜を素材として―」（『岐阜大学教育学部研究報告＝人文科学＝』第65巻第2号／二〇一七年三月）
（6）同右
（7）岐阜県編 前掲書
（8）一九五三年八月二三日付『中部日本新聞』夕刊、一九五三年八月二三日付『岐阜タイムス』
（9）一九五三年七月二四日付『中部日本新聞』岐阜版
（10）一九五三年九月八日付『岐阜タイムス』
（11）一九五三年八月二七日付『中部日本新聞』岐阜版
（12）一九五三年九月四日付『岐阜タイムス』、一九五三年九月一二日付『岐阜タイムス』
（13）一九五五年六月一二日付『中部日本新聞』岐阜版
（14）坂本和也 前掲書
（15）一九五三年九月一三日付『中部日本新聞』岐阜版
（16）一九五三年一〇月四日付『中部日本新聞』岐阜版
（17）一九五三年九月一八日付『中部日本新聞』岐阜版
（18）岐阜県警察史編さん委員会編 前掲書、坂本一也 前掲書
（19）同右、一九五三年一〇月二四日付『中部日本新聞』岐阜版、一九五三年一二月二日付『中部日本新聞』岐阜版
（20）一九五三年九月三日付『岐阜タイムス』
（21）一九五三年九月一〇日付『中部日本新聞』朝刊、一九五三年九月一〇日付『朝日新聞』大阪本社・朝刊
（22）一九五三年九月一〇日付『中部日本新聞』朝刊

(23) 一九五三年一〇月二四日付『毎日新聞』大阪本社・朝刊
(24) 一九五四年九月一一日付『岐阜タイムス』
(25) 一九五五年一月二〇日付『中部日本新聞』夕刊
(26) 一九五五年一月二四日付『中部日本新聞』夕刊
(27) 清水幾太郎・宮原誠一・上田庄三郎編『基地の子　この事実をどう考えたらよいか』(光文社／一九五三年)
(28) 鈴木良・山上豊・竹林勤・竹永三男・勝山元照『奈良県の百年　県民百年史29』(山川出版社／一九八五年)、奈良県警察史編集委員会編『奈良県警察史　昭和編』(一九七八年)
(29) 和田春樹『朝鮮戦争全史』(岩波書店／二〇〇二年)
(30) 鈴木良・山上豊・竹林勤・竹永三男・勝山元照 前掲書、奈良県警察史編集委員会編 前掲書
(31) 一九五三年七月五日付『毎日新聞』大阪本社・朝刊、一九五三年八月一三日付『大和タイムス』
(32) 一九五三年八月二二日付『朝日新聞』大阪本社・朝刊、一九五三年八月二四日付『大和タイムス』、一九五三年八月二五日付『大和タイムス』、一九五五年八月二五日付『大阪日日新聞』
(33) 一九五三年一二月二三日付『朝日新聞』奈良版
(34) 奈良県警察史編集委員会編 前掲書
(35) 一九五三年八月二六日付『大和タイムス』、一九五三年八月二七日付『中部日本新聞』夕刊
(36) 一九五三年八月二七日付『大和タイムス』、一九五三年八月二七日付『中部日本新聞』夕刊
(37) 一九五三年八月二八日付『大和タイムス』
(38) 一九五三年一〇月二九日付『朝日新聞』大阪本社・朝刊、一九五三年一〇月二九日付『毎日新聞』大阪本社・朝刊
(39) 一九五四年二月一二日付『大和タイムス』
(40) 一九五四年八月一九日付『読売新聞』奈良版
(41) 一九五三年九月一六日付『大和タイムス』、一九五三年九月一六日付『朝日新聞』奈良版
(42) 一九五三年九月二八日付『大和タイムス』
(43) 鈴木良・山上豊・竹林勤・竹永三男・勝山元照 前掲書
(44) 一九五四年六月一四日付『読売新聞』奈良版

(45) 一九五四年七月二二日付『読売新聞』奈良版
(46) 一九五四年八月二二日付『朝日新聞』奈良版
(47) 一九五四年九月一九日付『読売新聞』奈良版、一九五四年九月一九日付『朝日新聞』奈良版
(48)『新修 大津市史6現代』(一九八三年)、大津市歴史博物館市史編さん室編『図解 大津の歴史 下巻』(一九九九年)
(49) 同右
(50) 一九五三年八月六日付『朝日新聞』滋賀版
(51) 一九五三年九月一九日付『読売新聞』滋賀版
(52) 一九五三年九月二三日付『滋賀新聞』、一九五三年九月二五日付『滋賀新聞』
(53) 一九五四年九月一五日付『滋賀新聞』、一九五四年九月一五日付『朝日新聞』滋賀版、一九五四年九月一五日付『読売新聞』滋賀版
(54) 一九五四年九月一六日付『滋賀新聞』、一九五四年九月一六日付『朝日新聞』滋賀版
(55) 一九五四年九月一七日付『滋賀新聞』、一九五四年九月一七日付『読売新聞』滋賀版
(56) この項は、前著『米軍基地下の京都 1945年~1958年』(文理閣/二〇一七年)に加筆した。
(57) 久御山町史編さん委員会編『久御山町史 第二巻』(久御山町/一九八九年)、林屋辰三郎・藤岡健二郎編集責任『宇治市史4 近代の歴史と景観』(宇治市役所/一九七八年)
(58) 地上げ反対!ウトロを守る会編『ウトロ 置き去りにされた街』(かもがわ出版/一九九七年)、朝日新聞編『イウサラム隣人 ウトロ聞き書き』(議会ジャーナル/一九九二年)
(59) 久御山町史編さん委員会編 前掲書
(60) 同右
(61) 一九四五年九月二六日付『京都新聞』
(62) 一九五五年七月一四日付『京都新聞』
(63) 久御山町史編さん委員会編 前掲書
(64) 筆者による聞き取り 二〇一七年一〇月一四日
(65) 筆者による聞き取り 二〇一七年一〇月二二日

(66) 二〇一四年八月一四日付『京都新聞』
(67) 一九五二年一二月二〇日付『京都新聞』
(68) 一九五三年四月一〇日付『都新聞』
(69) 西宇治中学校三〇周年記念誌編集委員会編『西宇治中学校三〇周年記念誌 日々に新たに』(成文社/一九七七年)
(70) 一九五三年九月一日付『京都新聞』、一九五三年九月一日付『朝日新聞』京都版、一九五三年九月一日付『毎日新聞』大阪本社・朝刊、一九五三年九月一日付『読売新聞』大阪読売新聞社・夕刊
(71) 一九五三年九月二日付『朝日新聞』京都版
(72) 一九五三年九月四日付『朝日新聞』京都版など
(73) 一九五四年二月二二日付『都新聞』
(74) 一九五四年二月二五日『都新聞』、一九五四年三月一六日付『朝日新聞』京都版、一九五四年三月一六日付『京都新聞』、一九五四年四月一五日付『朝日新聞』大阪本社・夕刊
(75) 一九五五年二月一日付『朝日新聞』大阪本社・夕刊
(76) 一九五四年四月一六日付『京都新聞』、一九五四年九月一八日付『読売新聞』京都版など
(77)『京都府会会議録』
(78) 一九五四年三月三日付『朝日新聞』京都版
(79) 一九五五年一月一四日付『京都新聞』、一九五五年一月一四日付『読売新聞』京都版
(80) 一九五五年一月三〇日付『読売新聞』京都版
(81) 平和のための京都の戦争展実行委員会編『京都の「戦争遺跡」をめぐる』(つむぎ出版/一九九六年)
(82) 一九五二年五月二七日付・同年六月二八日付『京都新聞』、一九五五年一月九日付『朝日新聞』京都版
(83) 同右
(84) 京都府庁文書「進駐軍事故見舞金支払行為負担書昭和二四年度」(京都府立京都学・歴彩館所蔵 簿冊番号:昭二六—一九二—三、昭二八—二九—二)、一九五二年六月一三日付『京都新聞』、一九五三年四月五日付『読売新聞』京都版
(85) 一九五三年一一月六日付『読売新聞』京都版、一九五四年三月一一日付『読売新聞』京都版、一九五四年三月二四

日付『読売新聞』京都版

（86）一九五三年一一月九日付『読売新聞』京都版、一九五三年一一月一四日付『読売新聞』京都版

（87）一九五三年一〇月二八日付『読売新聞』京都版、一九五三年一〇月三〇日付『読売新聞』京都版、一九五三年一一月一日付『読売新聞』京都版

第三章　演習場──米兵犯罪と演習被害

1　饗庭野演習場

地域を犠牲にした演習場

自衛隊饗庭野《あいばの》演習場は滋賀県北西部、琵琶湖の西岸に位置している。高島市今津町・安曇川町《あどがわちょう》・新旭町《しんあさひちょう》・朽木村《くつきむら》にまたがり、標高二二〇～二五〇ｍの饗庭野台地にある。東西約七㎞、南北約三㎞、面積約二四六〇haの中規模演習場で、関西では最大の演習場である（【写真3―1】）。一九八六年からは日米地位協定第二条四項(b)が適用されて日米共同使用となり、この年の一一月二四日から一二月七日まで陸上自衛隊第一〇師団第三五普通科連隊と米第三海兵師団第一歩兵大隊との演習が実施されたのを皮切りに、陸上自衛隊と米軍との日米共同演習が繰り返されている。(1)

国道三〇三号線を高島市から福井方面へ向かうと、旧街道と新道が分かれるあたりに追分という場所がある。今では饗庭野演習場の敷地内だが、かつてここには集落が点在していた。今はその面影はなく、かつて集落があったと思われる場所はきれいに整地されている。石田川にかかる追分橋で、やっとその所在地を知ることができた。寺跡に残る黄金色に色づいた銀杏の老木だけが、かつての姿をひっそりと残していた。(2)

【写真３－１】饗庭野演習場（国土地理院航空写真を加工）

福井県小浜港から今津港へと通じる古道は、かつては九里半街道と呼ばれていた。江戸前期には、加賀米を中心とした北陸の物資を大津、京都へと運ぶ動脈として賑わった。追分は、この街道のほぼ中間に位置する。その名の示す通り、街道から勝野（旧高島町）と木津《こうづ》（旧今津町）に至る道が分かれていた。この道は、西国三十三カ所巡りの二十九番札所の松尾寺《まつのおでら》と三十番札所のある竹生島《ちくぶしま》を結ぶ遍路道でもあった。日露戦争後の演習場の拡大は、村々から田畑や山林を奪っていった。さらに追分集落の近くには実弾演習の着弾地が定められていたため、流れ弾による事故に苦しめられ続けてきた。一九三九年五月二二日には砲弾二発が飛び込み、寺を含む七軒が全焼した。演習による被害は、旧日本陸軍から米軍、自衛隊へと使用者がかわっても、演習場がある限り続いた。七〇年六月二五日には、陸上自衛隊の砲弾が田んぼの土手に突き刺さった。翌年、町長から集団移転が提案され、七四年八月一七日に最後のお盆をすませて、追分の全一〇戸が住み慣れた故郷を離れた。追分に続いて、九二年には南生見《うみ》、北生見の二集落（三一戸）が集団移転を強いられた。これらの跡地は防衛庁が買い取り、演習地へと編入されていった。[3]

饗庭野演習場の歴史

饗庭野は、古くは「熊野山」と呼ばれ、周辺住民にとって大切な肥料や燃料、建築材料などを供給する里山だった。今でも年額五〇円の手数料で「入会権（饗庭野原野立入証明書）」を高島市長が交付している。一八八九年六月一一日、饗庭野三二七万六六六一坪（約一〇八三・二ha）が陸軍省に買い上げられ、第四師団（大阪）の管理下に置かれた。日露戦争後の一九〇八～九年には民有地一四〇〇haを買収して演習地を拡大し、三七年に日中全面戦争に突入すると演習利用頻度も増加していった。演習の種別は、陸軍の飛行機による爆撃や小銃、歩兵銃、重砲や野砲による射撃が中心だった。[4]

日本敗戦直後の一九四五年九月二日に米軍が進駐してくるが、同年一二月二四日には接収解除となり、食糧増産のために入植事業が行われる。しかし、翌四六年三月三日、進駐軍から野砲射撃訓練のために再接収が通告される。開拓農民たちはほかの土地をあてがわれて饗庭野を離れていった。また演習場の周辺地域では、米兵が民家に押し入ったり、通行人に乱暴をはたらくなどの犯罪が横行した。[5]

サンフランシスコ講和条約の発効後も、米軍演習による被害は相次いだ。一九五三年八月六日午前一一時ごろ、高島郡饗庭野演習場で空中戦の訓練をしていた米軍ジェット機から練習用ロケット弾一発が四㎞離れた同郡広瀬村（現在は高島市）長尾の水田に投下されたのを皮切りに、連日にわたって米軍の爆撃演習による誤爆事故が発生した。同月一七日午前一〇時ごろにも高島郡饗庭村（現在は高島市）木津の田んぼの畔で草刈り中の農民から三mほどの場所に模擬爆弾一発が落下、付近の山中でも落下した一発が目撃された。また、同日正午過ぎには別の田んぼに模擬弾三発が落下するなど事故が相次いだ。[6]

一九五三年に入ると、日米地位協定によって饗庭野が米軍基地にされるのではないかという危惧から、高島郡今津町（現在は高島市）をあげて米軍基地化反対闘争が取り組まれた。五三年二月一三日の日米合同委員会設置から一〇月九日の閣議決定で同演習場が米軍と防衛庁の共同利用施設指定に至るまで、運動は町長、町会議員、饗庭野振興会、ＰＴＡ、農協、各種婦人団体、青年会など、町を挙げて盛り上がっていった。五月二二日には町長をはじめ五〇〇人の町民が今津小学校に集まって「米軍基地化反対町民大会」を開催し、「饗庭野米軍専用演習場並びに基地化に対して、われわれ全町民は命をとして絶対に反対する」と決議した。[7]

七月一五日、衆議院外務委員会において「基地に関する第三回滋賀県饗庭野の演習場問題」の参考人として、前川利吉今津町長、堀井せい饗庭野婦人会長、堀井重藏今津町会議長が口述した。この中で堀井重藏今津町会議長は、次のように訴えた。[8]

私は特に外務委員会の皆さんを中心に、アメリカ側にも、日本側にも、日本のすべての政治家にも望みたいと思いますことは、ただいまも申し上げましたように、こうした私ども純良な人間生活の喜びを求めまして、より前進的な面に人間生活の喜びを求めて、そうして現実の苦難を乗り越えて行こう、しかもそこには未来の創造というものに現実の苦難を克服したい、将来への希望に生きて行こうという地元民の誠実なる意思が、あるいは戦勝者の一方的な強圧によって、あるいは国家の強権によって、蹂躙されますならば、私はその結果ははかり知れないものがあろうと思うのでございます。そうしたことは徳川の圧制下におきます農民一揆をお考えくださいますならば、私どもの気持がおわかりだろうと想像するのでございます。〔略〕こうしたことは祖国再建の途上におきます一大不祥事と考えますので、外務委員長の方々はこの私どもの叫びを十分御賢察いただきまして、私どもへの特別なる御配慮をお願いいたしたいと思うのでございます。

このたたかいは五カ月にわたったが、九月一七日の日米合同委員会で「保安隊永久駐留」決定が出されると、運動は終息にむかっていった。今津町当局や町議会などの保守派は、「運動が全国的な反基地運動と結び付く『政治的性格』を警戒し、生活保護や郷土愛の問題に限定するという立場を明確にしていく」[9]。

「町ぐるみ闘争」を体現した今津町饗庭野基地化反対実行委員会では、九月二二日に前川今津町長が「この反対運動は日米合同委が折れて保安隊を永駐させ、饗庭野を米軍専用とせず保安隊と共用としたことで一応の目的は達した」と述べ[10]、一〇月一〇日の基地化反対実行委員会で組織の解散を決定した。婦人代表は「解散なんて残念なことで、婦人会ではあくまで米軍の駐留には反対を続けていきたい」、青年団代表も「このまま解散されたのでは、青年団はまるで踏みにじられたようなものだ。『米軍使用決定の責任をどうしてくれる』と町の責任者にいいたい。町と足並みをそろえるという意味できょうまで黙って協力して来たのに余り腰がなさ過ぎる」と反発した。前川今津町長は「実行委は解散されても新しく何らかの形で同様のものを設ける必要があるが、反米的精神をおこさず両者紳士的な態度を示さねばならない」と解散を強行し、町議会による饗庭野対策委員会を作って今後の対応に当たるとした[11]。

しかし、地域住民と切断された饗庭野対策委員会は、雪崩をうってその立場を後退させていく。一二月七日の委員会では、「米軍米軍と悪ものの代名詞のように目に角を立てて騒ぐのは私はわからない。彼らのなかには悪ものもいるがそれはほんの一部だ。人種的偏見を捨ててもっと大きな眼で現在の日本を見た場合反対運動など起こす余裕はないと思う。それに町も財政が豊かになるのだから私は賛成だ」（古市源蔵対策委員）という意見が、「農地の補償問題その他で米軍が来て何の恩恵もなく損害のみこうむる人がいるのを忘れないでほしい。経済的によくなるという人はほんの一部のものにすぎず町民の過半数は多少なりにも被害、不安、不便を感ずるだろう。また何年駐在するかわからない相手に町も財政面で依存するという頼りないことはできない」（堀井重藏町議）という声を押しつぶしていく。「饗庭野は日米行政協定により米軍に管理権がある以上、徒《いたずら》に反対してもムダである。それよりも気持ちよく米軍を迎え、町の経済的基盤を打ちたてた方がよい」と決議がされ、前川町長は「第二の内灘にならぬよう十分考えたつもりだ。町民の中には弱腰だと非難するものもあるだろうが、町発展のため大きな目で観てほしい」とこれを正当化した。[12]

拡大する海兵隊による被害

今津町の「町ぐるみ闘争」が分解していく過程で、海兵隊による饗庭野演習場の使用がはじまる。キャンプ大津に駐留する米海兵隊一個大隊（約八〇〇名）が饗庭野演習場に野営して演習することが保安隊今津駐屯地から今津町に伝えられ、[13]一九五三年一〇月四日の午前八時ごろからジープ数十台をつらねた第一陣約四〇〇名が饗庭野演習場に乗り込んだ。[14]ルーズ海兵隊隊長は、「海兵隊は外出の必要もなく今津町へは絶対入らないから風紀その他の問題は心配ない」と地元に説明した。[15]しかし、今津町婦人会の原田千恵子副会長が「日米行政協定がある以上、仕方がないですまされる問題ではない。町民の世論を十分反映して進めて頂きたい。また最近は外出しないはずの米兵が、毎夜出てきて銭湯などをのぞいたり、相変わらず悪い面ばかりだ」[16]と海兵隊の演習を容認する町当局の態度を批判したように、地域は海兵隊の起こす事件・事故に苦しめられることになる。

一〇月五日の夜から連夜にわたって、酔っ払った海兵隊員が町に出て犯罪を繰り返した。六日と七日の夜から夜明けにかけて兵士数名が町内を「ビール、娘さん」などと言って歩き回り、今津町大供集落では民有地から竹二〇本を切り取る事件などを起こした。住民は恐怖のために外出できず、付近の映画館や風呂屋の客は普段の半数にも満たなかった。[17]八日の夜には、今津町下弘部《しもひろべ》集落の民家に酔っ払った二十数名の海兵隊員が、女性を求めて入り込む事件が一夜に四件も発生した(18)。下弘部の足立区長は、「五日から毎日米兵が外出するので、野良仕事も早くから切上げ、夜は早くから電燈を消して仕事も出来ない有様で、秋の忙しい収穫時に困ったものだ」と地域が強いられた被害を語っている(19)。

一一月六日から一二月一九日までの二四日間、キャンプ大津駐留の海兵隊が実施した実弾射撃演習では、周辺地域に流弾による被害が相次いだ。一一月三〇日午後三時ごろ、高島郡三谷村(現在は高島市)北生見の民家の二階窓ガラスを銃弾が貫通し、一二月一日午前八時ごろには民家の表入口ガラス戸、腰板、家屋の腰板、敷居などを四発が貫通、また山林田畑などにも相当の流れ弾が着弾した(20)。

一九五四年に入っても、海兵隊の演習が実施されるたびに様々な事件・事故が引き起こされた。五月五日から六日にかけては、時計店や電気店、民家から海兵隊員が懐中電灯や電池、ギターなどを盗む窃盗事件が相次いだ(21)。九月二一日夜八時ごろには、饗庭野演習場で演習中の海兵隊が発射した小銃弾一発が高島郡三谷村追分の民家風呂場の窓ガラスを破って飛び込む事故が起こっている(22)。翌五五年にも、四月二一日に今津町今津北浜の公衆浴場で三人の海兵隊員が女湯に水をぶっかけ、入浴中の三カ月の乳児がショックで不眠症になった。翌二二日午前零時一〇分ごろにも高島郡今津町今津北浜の料理店に、二人連れの海兵隊員が現れ、経営者に帯剣を突き付けて女を要求する事件が発生している(23)。

また、饗庭野演習場と海兵隊が駐留するキャンプを結ぶ滋賀県内の道路では、海兵隊車両による交通事故が相次いだ。

●一九五三年九月二八日午後二時ごろ、滋賀郡真野村《まのむら》(現在は大津市)真野の国道でキャンプ堺の海兵隊トラックが近江物産のトラックと衝突し、近江物産のトラックは前部を中破した(24)。

●一九五四年五月一六日午前一一時半ごろ、滋賀郡和邇村《わにむら》（現在は大津市）小野でキャンプ大久保所属の海兵隊トラックが三〇歳男性の運転するトラックと接触して小川に転落する。(25)

●一九五四年六月一五日午前一〇時ごろ、坂田郡米原町《まいばら》（現在は米原市）米原の国道十字路で三三歳の男性がキャンプ堺のトラックにはねられ、全治二週間の傷を負った。(26)

●一九五四年九月一五日午後八時ごろ、高島郡饗庭野村五十川の国道で飲酒してバイクに乗った四五歳の男性がキャンプ大津の海兵隊トラックにはねられ、全治一カ月の重傷を負った。(27)

●一九五四年九月二〇日午後一時四〇分ごろ、滋賀郡堅田町《かたたちょう》（現在は大津市）本堅田の国道十字路で自転車に乗っていた三一歳の女性が饗庭野演習場に向かうキャンプ大津の海兵隊キャリアにはねられ、全治二カ月の重傷を負った。(28)

●一九五五年三月三〇日午前九時一五分ごろ、滋賀郡真野村で今津から大阪のキャンプ堺に向かう海兵隊大型輸送車がトラックと正面衝突し、トラックに乗っていた労働者六名が重軽傷を負った。原因は海兵隊輸送車がスピードを出し過ぎていたためにカーブを曲がり切れず、対向車線に飛び出したためだった。(29)

もちろん事故は、海兵隊によるものだけにとどまらなかった。一九五五年五月一六日午前十時ごろ、饗庭野演習場内で三一歳の男性が米軍バズーカ砲の不発弾を拾おうとしたところ爆発し、即死する事故が起きている。(30) 五五年九月七日午前九時ごろには、饗庭野演習場で演習中の陸上自衛隊の流れ弾が高島郡今津町三谷の民家の風呂場に飛び込み、梁に着弾している。(31)

人命を奪いかねないような被害は、現在でも続いている。二〇一五年七月一六日の午後六時すぎ、追分から福井県側に向かった所にある高島市今津町保坂の民家の二階天井に陸上自衛隊一二・七㎜重機関銃の流れ弾が着弾する事故が発生した[32]。一八年一一月一四日には、陸上自衛隊の八一㎜迫撃砲が高島市今津町北生見の国道三〇三号線脇に着弾し、停車中の民間車両の窓ガラスなどを破損する事故が起こっている[33]。

饗庭野の周辺に暮らす人たちは、日米両軍による様々な演習被害と隣り合わせの生活を、現在まで強いられ続けている。

2　茅ヶ崎ビーチとキャンプ・マックギル、横須賀基地

神奈川と海兵隊

一九四五年八月三〇日、日本陸軍が駐屯していた厚木、海軍が駐屯していた横須賀に米軍は進駐し、クレメント代将の指揮する海兵隊も横須賀海兵団海岸に上陸用舟艇で上陸を開始した[34]。神奈川県内では、この日だけで、強かん、傷害、暴行、物品略奪、武器剥奪など計二〇二件の進駐軍兵士による犯罪が発生し、このうちの一九九件が横須賀市内で発生している。四五年に横浜・横須賀を中心に発生した進駐軍人による犯罪は、神奈川県公安課の調べで交通事故を含み一八三九件に達した[35]。

占領初期には、短い期間であったが海兵隊も横須賀に駐留した。一九四五年八月三〇日、ガダルカナル島での戦いや沖縄戦に参加した第六海兵師団第四連隊が房総半島《ぼうそうはんとう》の冨津岬に上陸し、元洲砲台と岬先端にあった第一海堡の武装解除を行った。九月一四日にはグアムを経由して中国にいた第六海兵師団本部と合流し、第六海兵師団は四六年に青島《チンタオ》で編成を解かれる。第四海兵連隊はその後、第三海兵師団に編成されることになる。第四海兵連隊と入れ替わって一〇月には沖縄の読谷《よみたん》飛行場から第三一海兵航空群が追浜《おっぱま》などに移動してきたが、四六年の七月五日にはアメリカ本国に帰還している[36]。

朝鮮戦争下に再び、神奈川へ第三海兵師団が移駐してくることになり、それは休戦後に本格化し、横須賀基地とキャンプ・マックギルに駐留した（追浜基地については第四章参照）。横須賀基地は、幕末の横須賀製鉄所を起源とする。一八八四年に東海鎮守府が横須賀製鉄所内に移設され、新たに横須賀鎮守府と改称された。日本の敗戦後、米軍占領当初の段階で、荒廃した基地を整備してアメリカのために「利用」の道を選択することで軍事基地としての価値をアメリカ国防省に紹介したのが、四六年四月に着任した四代目基地司令官デッカー大佐だった。以降、横須賀は基地としての機能が回復されていく。(37)

また、キャンプ・マックギルは一九四一年一一月に横須賀第二海兵団（四四年に武山海兵団に改称）が設置されたことにはじまる。四五年九月五日に米軍が進駐し、御幸浜《みゆきはま》および長坂にあった武山海兵団と海軍大楠機関学校はキャンプ・マックギル（Camp McGill）となり、長坂にあった大楠機関学校射撃場と武山の武山海兵師団射撃場も接収されて、それぞれキャンプ・マックギル射撃場Aと同射撃場Bとなった。この名は、太平洋戦争中のアドミラルティ諸島の闘い（四四年二月〜五月）で戦死した第一騎兵師団のトロイ・A・マックギル軍曹に由来する。(38)

海兵隊の移駐した地域は、隊員の犯罪に苦しめられることになる。海兵隊進駐直後の一九五三年八月三一日夜七時二〇分ごろには、横須賀市日ノ出町のカフェで海兵隊員がナイフで店員を脅して現金七〇〇円を奪う犯罪を起こしている。(39)また、五四年八月二六日午前零時ごろには、駐留軍専用カフェのレジスター係の一九歳の女性が帰宅途中にジープに乗った三名の横須賀海兵隊員に拉致され、二度にわたって強かんされた後、現金四〇〇〇円を奪われるという事件も起こっている。(40)

茅ヶ崎ビーチの歴史

海兵隊が演習のために利用したのが、茅ヶ崎《ちがさき》海岸から辻堂海岸にかけての「茅ヶ崎ビーチ」だった。一九五三年八月一五日にキャンプ横浜司令部は、「武山に駐屯する部隊はキャンプ横浜から兵たん営繕関係の支援を受ける。また宿舎および本部関係の建物は、キャンプ・マッギルで準備されるが茅ヶ崎、長井などの海岸にある演習地は海兵隊に利用され、武山の射撃場も使われる」と発表する。[41] 以降、茅ヶ崎ビーチでは海兵隊による演習が繰り返されるようになる。

茅ヶ崎一帯の演習場化は、江戸幕府が茅ヶ崎海岸から辻堂海岸にかけての砂丘地帯に砲術演習場を置いたことにはじまる。砲術演習場は日本海軍砲術試験場を経て日本海軍の辻堂演習場になる。敗戦後の一九四五年九月二日に米軍に接収され、茅ヶ崎ビーチ（Tsujido Maneuver Area）として米軍演習場になる。接収初期には爆発物の処理が行われたが、四六年一〇月から米軍の演習が実施されるようになる。[42]

同年一〇月一日、進駐軍第八軍渉外局は、米軍進駐以来、最初の大上陸作戦訓練が相模湾一帯で行われると発表する。[43] 神奈川県警察部長は茅ヶ崎漁業会長宛「連合軍上陸演習実施について」（一九四六年一〇月八日）を発し、演習期間は一〇月一二日から一二月一五日までで、「上陸地点海浜」での「漁船及棒杭等」の撤去や姥島《うばしま》（烏帽子岩）周辺一里（四㎞）以内の立入禁止が指示された。[44]

一九四八年には九カ所だった日本「本土」に置かれた占領軍の海上演習場は、一九五〇年の朝鮮戦争を契機に激増し、五二年には四二カ所に及んだ。このほとんどが講和条約締結後も継続され、さらに新規接収も行われた。水産庁調べでは、米軍や「国連軍」により五三年五月現在で六四カ所の海上演習場が接収されていた。[45]

茅ヶ崎ビーチでも朝鮮戦争前後から演習は頻発になり、第一騎兵師団、第二四歩兵師団、第四〇歩兵師団など、全国に駐留する米軍が演習を繰り返した。サンフランシスコ講和条約が発効して日本が「独立」を果たしても、茅ヶ崎ビーチはそのまま米軍に提供され続け、さらにその範囲も拡大される。茅ヶ崎ビーチは、オーボー第一区域（後にオスカー第一区域に名称変更）、オーボー第二区域（後にオスカー第二区域に名称変更）、茅ヶ崎水陸両用訓

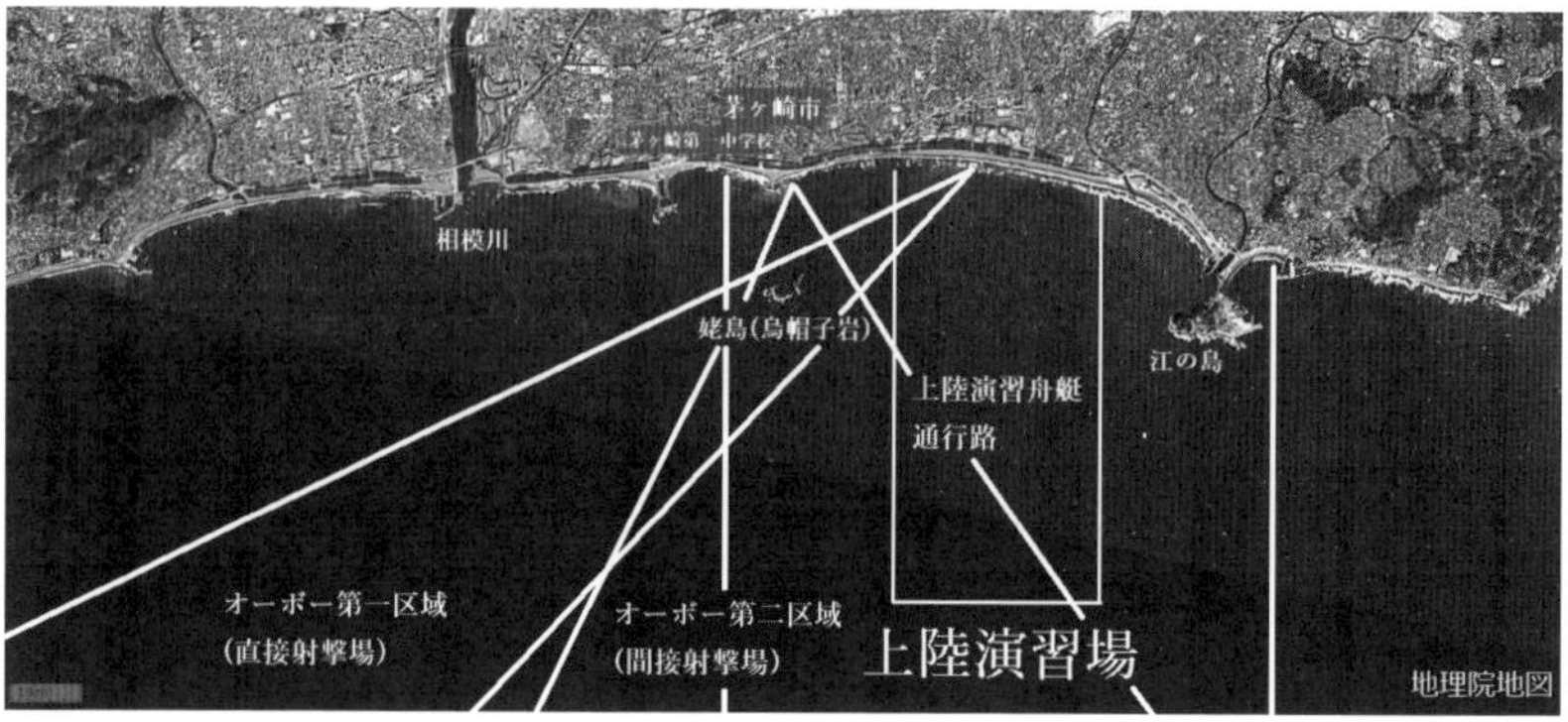

【写真３－２】茅ヶ崎ビーチ（国土地理院航空写真を加工）

練地域から成り、オーボー区域では射撃訓練が実施された。茅ヶ崎水陸両用訓練地域は年六回以上の水陸両用訓練が行われた[46]（【写真3―2】）。しかも、実際には演習や訓練は三つの演習区域の範囲を越えて実施され、さらに「漁船の操業制限等に関する法律」などに明記された演習や訓練の事前通告義務や演習時間制限は、米軍によって無視された[47]。

茅ヶ崎市小和田地区で漁業に従事していた沼井敏さんと青柳繁雄さんは、米軍の演習を次のように証言している[48]。

沼井さん―〔演習の通知は〕そのときによって一週間前もあれば一〇日のときもあり、三日ぐらいのときもありました。生活が苦しい時代ですから、演習が朝八時から始まるといった日でも、五時ごろ海にいって網をかけて、おかずを採ろうとしてやっていると、時間より早く演習が始まってしまい、弾丸でうちの船に穴があいたりしました。船の近くに弾がいっぱい落ちたりしました。

青柳さん―通知がなくて突然に演習が始まったりしましたね。いまのカイガラ山には当時松がうんと生えてて、その高いところから烏帽子岩にむけて、バババババって撃ってくる。演習がないからと網をかけているところにです。あまりにひどいと船のなかにしゃがみこんだり、退避して音がなり止むのを待ち、海にいって網を引っ張ったことがずいぶんありました。

標的となった烏帽子岩

茅ヶ崎を多く歌ったサザンオールスターズの楽曲には、烏帽子岩がたびたび登場する。

「チャコの海岸物語」（作詞・作曲 桑田佳祐／一九八二年）
エボシ岩が遠くにみえる
涙あふれてかすんでる
心から好きだよピーナッツ
抱きしめたい
浜辺の天使をみつけたのさ
浜辺の天使をみつけたのさ

「HOTEL PACIFIC」（作詞・作曲 桑田佳祐／二〇〇〇年）
さらば青春の舞台よ
胸がjin-jinと疼く
だのに太陽はもう帰らない To me
何故…砂漠のように
心が渇くでしょうか?

エボシ岩を見つめながら
夜霧にむせぶシャトー

海水浴シーズンにはまだ早い五月、砂地にへばりつくようにハマヒルガオの花が咲く茅ヶ崎海岸から海を眺めると、海面に突き出した奇岩が目に入る。その名の通り、平安時代から男性が被った「烏帽子」にそっくりな形をしたこの岩の正式名称は姥島といい、茅ヶ崎海岸の沖合一・四㎞にある。高さは一四・六ｍあり、大小さまざまな岩礁帯のひとつである。この烏帽子岩は茅ヶ崎のシンボルで、車止めの形やマンホールのふたのデザインにも用いられている。茅ヶ崎漁港から出る「えぼし岩周遊船」に乗って岩に近づくと、海面からそそり立つその大きさに驚かされる(49)。

烏帽子岩は、茅ヶ崎ビーチで実施される米軍の実弾射撃演習の標的とされ、戦後にその形は大きく変わっている。数年前にも、この岩からは米軍が撃ち込んだ砲弾が見つかったという。私たちが目にする烏帽子岩は、米軍の砲撃による無残な残骸なのである。一九五二年四月一三日付『神奈川新聞』は、「失われてゆく海の奇勝　台なしのエボシ岩　米軍の射撃目標に漁民から緩和陳情」と題して、次のように伝えている(50)。

茅ヶ崎海岸の沖に横たわり海の魚族の豊庫《〔ママ〕》といわれ、また名勝といわれているエボシ岩（ウバ島）は〔昭和〕廿六年四月以来進駐軍の射撃目標とされているが、今年の二月は殊に猛烈を極め、期日も〔略〕殆んど連日使用されているので同島を職場とする漁師は重大な生活不安におびやかされている。〔略〕現在同島を職場にしている漁師は定置網四十三人、海藻採取者二十五人、六大網百六十五人、地曳網二百四十人、巻網六人、一本釣九十六人、計五百七十五人。

一九五三年七月三日の本会議で茅ヶ崎市議会は〝駐留軍茅ヶ崎演習地〟対策委員会（委員長・新倉吉藏市議）を結成し、九日に同委員会は烏帽子岩を現地視察するが、この視察で確認された烏帽子岩の様子を五三年七月一二日付『朝日新聞』神奈川版（第一神奈川版A）は次のように伝えている。

茅ヶ崎海岸の名勝〝エボシ岩〟のエボシにあたる部分は、すっかり砲弾のためくずれ落ち、跡かたもなかった。上陸した一行は岩ハダに突きささったまま不気味な光を放っている機関銃弾や、一片の土塊のようにサビついている砲弾の破片などを発見した。海で働く男たちが、海上平安を祈って岩ハダに彫り込んで祭っておいた〝八大竜王〟の祭神や朱の鳥居などどこへいったのだろう。

増大する演習被害

地域の住民は様々な演習被害に苦しめられ続ける。漁業への被害はとりわけて深刻であった。一九五三年七月一三日の衆議院外務委員会で、茅ヶ崎市議で対策委員会委員長の新倉吉藏は次のように意見陳述をしている。(51)

〔略〕この姥島の岩礁を目標として駐留軍がたまを撃つわけでございますが、ここは御承知の通り、かさごとか伊勢えびとか、あるいは貝類といったようなものが棲息いたしますのに最適の岩礁でございまして、昭和二十六年たまたま茅ケ崎漁業協同組合が四十六万四千円の予算をもって、ここに貝類を植えつけたことは先ほど御説明があった通りであります。しかしこのせっかくの施設も今日は皆無でございます。何となればその烏帽子から延びました範囲というものは、その付近に散在されまして、これに棲息しておりますところの貝類、せっかく養殖いたしました貝類、あるいは天草とかわかめとかあらめというような海藻類が大体死んでしまったというような現状でございます。こまかく申し上げたいのでございますが、この辺でひとつ御推察を願いたいと思います。

以上のように姥島を中心といたしましての魚、貝、海藻というものはほとんど収穫皆無といいましょうか、申し上げることができないほど減額をしてしまったというほかはない。こういうことに相なっておるのであります。ことに海藻類のごときは昨二十七年度収穫高が、十七年、十八年、十九年の三箇年の平均収穫高に比べますと、大体六〇%減少になっておることは、お手元に配付いたしておりますその数字によっても、明瞭でありますことを御比見願いたいと思います。このままさらに実弾演習が継続されるならば、われわれ漁民はもとより、先ほど申しました茅ケ崎市民といたしましても非常に困窮きわまるのでありまして、ことに漁民につきましては六十八世帯、合計二千七百二十四人という数字がお手元の表中にございますが、これらの漁民が影響されますところはひとつ御想像願いたいのであります。

一九五三年七月四日、米軍と日本政府、そして各市町村が参加して行われた第八回マックギル地区渉外連絡委員会では、茅ヶ崎市長から茅ヶ崎演習場での実弾演習の中止が訴えられた。市長はここで、「茅ヶ崎漁場の第一、第二オーボー地区は実弾演習に使われているが、つぎの理由から中止を要請する。①射撃目標となっている島は崩壊により変形し漁船が帰航の目標を失い遭難の原因となる　②岩の崩壊で養殖貝は棲息場所と飼料を失いほとんど死滅している　③岩礁を棲息所とする伊勢エビやカニも繁殖しない　④海藻類は崩壊した岩石が潮流で移動するので繁殖しない　⑤第一オーボー地区に接する平島周辺の砲弾落下は実施中の平島港修築作業が危険で工事がおくれている」と漁業への被害を訴えている。[52]また、五三年七月に茅ヶ崎漁業協同組合長が農林大臣と衆議院水産委員会へ提出した陳情書では、茅ヶ崎組合漁場には九〇八名が加盟しているが、ほとんどが連日にわたる演習のため出漁期間は極端に制限される。しかも烏帽子岩は砲爆撃で昔の面影もなく荒廃し、周辺の魚介類は全滅にひんしている。一日も早く演習中止などの方法で仕事ができるようにしてもらいたいと要請している。(53)

被害は漁業だけにとどまらなかった。一九五一年二月末に辻堂の東海岸に移転してきた茅ヶ崎市立第一中学校も演習被害に苦しめられた。駐留軍が学校のすぐ近くに陣地を設けて沖合のエボシ岩に向かって砲撃する砲音のため授業は聞き取れなくなり、学習が不能となる。さらに学校の上空を飛び交う飛行機の爆音でも、学習はおろか話もできないなどの被害に苦しめられた。(54) 五三年六月二六日付で茅ヶ崎市長から神奈川県知事にあてた「副申書」では、「茅ヶ崎地区射撃場は第一中学校真下約五〇米の近接地点にあり射撃演習による間断なき砲撃と振動はこれが校舎の破損は勿論児童学修の防ぎも甚だしき為止むなく休校する実状にあります。又学校を中心とせる周囲の住宅も物的に精神的に不満は増大しつつあります」と訴えている。(55)

茅ヶ崎ビーチで繰り広げられた海兵隊などによる軍事演習は、地域に大きな被害ももたらし続けた。

3　東富士演習場

海兵隊駐留下の演習場

一八九一年の秋から日清戦争を想定した日本陸軍第一師団の機動演習が東富士山麓で実施されていたが、日清戦争後の九六年には本格的な砲兵隊の射撃演習場として東富士演習場の利用が開始される。一九〇八年には滝ヶ原廠舎が、一年後には板妻《いたづま》廠舎が建設され、常設演習場として使用が開始された。日本敗戦の四五年九月に米軍が駒門《こまかど》廠舎に進駐し、翌年から米軍の演習が実施されるようになる。区域内の居住民は立ち退きが強いられた。

四九年には演習区域が大拡張され、一切の農耕が禁止された。五〇年に朝鮮戦争が勃発すると米軍の接収区域はさらに拡大し、演習場への立入りも厳しく取り締まられた。(56)

朝鮮戦争時から静岡県の駿東郡《すんとうぐん》玉穂村（現在は御殿場《ごてんば》市）滝ヶ原は第三海兵師団管理部隊基地となっていた。戦争が休戦になると第三海兵師団第九連隊が移駐し、常時四五〇〇名の海兵隊員が滝ヶ原のノース・キャンプ、板妻（駿東郡原里村―現在は御殿場市）のミドル・キャンプ、駒門（駿東郡富士岡村―現在は御殿場市）のサウス・キャンプに駐留した。

海兵隊の駐留によって米兵犯罪も増大し、一九五四年には八五件に及んだ。また五三年には周辺の接客婦は六六六人に達し、農家などに間借りしていたオンリー※が二〇〇人と推定された。同年五月末日には、料理店五軒、カフェー三〇軒、キャバレー八軒、ダンス教授所一軒、パチンコ二三軒など七二軒の風俗店が立ち並んでにぎわった。(57)キャンプ富士司令部は、山梨県のキャンプ・マックネアに加え、静岡県のサウス、ミドル、ノース・キャンプなど四つのキャンプに駐留する米兵たちが、五三年一一月から五四年一月までの三カ月間でドルから円に交換した総額は四億四二二四万円にものぼったと公表している。(58)

※オンリー――上級将校など特定の相手と契約を結んで売春関係にあった女性を、英語の only からこのように呼んだ。

ここでも米兵を相手にする女性たちは常に搾り取られる立場に置かれていた。米兵を相手にする特殊飲食店業者は米兵一泊の料金二〇〇〇円から三〇〇〇円のうち四～五%を取り、さらに部屋代として女性たちから一回五〇〇円、食費として一食一〇〇円を徴収した。売春女性たちは業者による搾取と高額な下宿代に加え、衛生用品などの必要経費、病気にかかった場合の全額自己負担に苦しんだ。(59)

一九五二年九月には、地元とキャンプ富士側により御殿場地区性病対策要綱が決定された。その内容は、①

キャバレー、遊興場の接客婦に白色カードを携帯させる、②飲食店の店頭に県の承認した英文の許可書を貼る、③オンリー、バタフライには青色カードを携帯させる――というものだった。このカードは性病検診を受けた証明書で、持たないと「狩り込み」の際に逮捕の対象となった。[60] 海兵隊員が大量に駐留していた五三年一一月には、海兵隊軍医は業者の組合である白雪会に対して性病検査方法や治療の細かい指示を出し、必要な薬品は米軍が支給するとした。治療も届け出制にし、これに従わない女性は地元警察と連絡をとって「適当な処置をする」という徹底の仕方であった。それでも米兵の性病感染率が高くなると、キャンプ・フジ司令官はしばしば集娼地区へのオフ・リミット措置をとることで、業者に性病管理を徹底させた。[61]

また米軍の駐留は、農民の生活を奪っていった。駿東郡印野村（現在は御殿場市）では全地籍の九〇％余りが米軍に接収され、農耕地の七〇％を失っていた。米軍接収前は一戸当たり平均一町一反（一・一ha）であった農耕地面積は、三反（〇・三ha）へと激減した。総農家数二九六戸に対して、可耕農地面積は一一町（一一ha）にすぎなかった。また、山林と原野も約五四五五町（五四五五ha）のうち、九七％が接収され、肥料や飼料、諸材料源も奪われた。[62]

一九五三年七月七日、原里小学校で演習場周辺の農民、駿東郡原里、印野、富士岡、玉穂、高根（以上五村は現在は御殿場市）、須山、富岡、深良村《ふからむら》（以上三村は現在は裾野市《すその》）の演習場内国有地耕作者一三八三戸の農家によって「東富士演習場対策協議会」が結成された。協議会は演習場内国有地耕作権に関する離作補償を要求し、五六年一一月には「東富士入会組合」を組織して入会権の確立を求めた。翌五七年には「東富士入会組合」役員と「東富士演習場対策委員会」代表により「東富士演習場地域農民再建連盟」が結成され、農業再建を掲げた独自の目的と性格を持った両者の協力体制が確立されている。[63]

演習場に翻弄された学校

一九五五年七月九日付『朝日新聞』大阪本社・夕刊は、連載「富士は生きている」の第五回で、海兵隊駐留下の東富士演習場の様子をレポートしている。

星条旗と青い国連旗がバタバタはためいている。ノース・キャンプ（滝ヶ原）、ミドル・キャンプ（板妻）、サウス・キャンプ（駒門）、キャンプ・マクネア（梨ヶ原）—山ろくに散らばるこの四つの米軍宿舎を総称して〝キャンプ・フジ〟という。だだっ広い原っぱに並んだ木造平屋造りの兵舎は、立川、板付などの空軍基地と比べ、ずっとお粗末な感じ。御殿場から車で一五分、ノース・キャンプに司令部がある。

〔略〕

ミドル・キャンプへ行く途中、数十人の海兵隊が二列になって道の両側を行進していた。完全武装が重そうに肩にくいこみ、汗とほこりによごれた顔。学校帰りの小学生たちが、無邪気に兵隊さんたちの腰の下にブラ下って行く。サウス・キャンプ一帯は、海兵隊の戦車とトラックが群がっている。深い霧の中で、ドス黒い戦車の群がうごめく。弾薬集積所がずらりと並び、トタン屋根の下に弾薬箱がうず高い。朝鮮動乱中の国連軍陣地そっくり。霧の向う側に富士山が高くそびえているだけの違いだ。

〔略〕

ブルドーザーが二かき、三かき、うなりをたてると、一五五ミリ・ボウィッツァー砲の周りにたちまち土が盛り上り、砲はカムフラージュの大きな網をすっぽりかぶる。「ファイアーッ（撃て）」電話の号令で砲列は一斉に火を噴いた。ズシン、ズシン。遠い弾着の響きが帰ってくる。

海兵隊の駐留は、地域に様々な被害を強いた。原里中学校は、海兵隊の移駐に翻弄された学校だった。原里中学校は一九四七年に原里小学校内に開校されたが、教室のガラス戸は骨ばかりで、冬になると北風が吹きこんできた。そのため、翌年に板妻にある旧陸軍兵舎を改築して移転した。村民から寄付金が集められ、村有林を伐採するための夫役も割り当てられた[64]。同校の校友会誌「はらさと」十周年記念誌には、当時、原里中学校に通った生徒の作文が残されている。

国をあげて耐久生活のため、私たち中学生は入る校舎もなく、窮余の一策として小学校の老朽校舎を借りた。校舎の一室ですしづめのような生活が始まった。教室のガラス戸は骨ばっかりで夏は涼しくてよいが、冬になると北風が容赦なく吹き込み、耐えきれず、先生と生徒がかじかむ手で、しわだらけのにわか障子を作り寒さをしのぐ。貧弱な教科書にワラ半紙のようなノートで勉強した。

私たちが一年生を終わるころ、待ちに待った独立の校舎ができた。それは旧陸軍兵舎を改造したものでした。お引越しは、大きなものは村の馬力で、私たちが運べるようなものは、先生と生徒で行うことになり各自が机をにない、腰掛をかついで、二キロの山道を苦しいとも思わず、はずむ心で長い行列をつくり、かたつむりのようなお引っ越しをしたのです。

教室は暗く、光線も思うようではないが、とにかく古い机や腰掛をそれなりに配置し、一応こと足りる教室が整いました。しかし、校舎を囲む自然の風景は想像以上に美しく、広々とした芝生、青い松、私たちを圧するような大富士を前に、残る一年の中学校生活を悔を残さないようにと心に誓いました。

しかし、この中学生の「中学校生活を悔を残さないように」という「誓い」は、海兵隊の移駐によって無残にも踏みにじられる。一九五一年五月、海兵隊キャンプ設営のために原里中学校に退去命令が出される。原里村の芹沢善吾村長を先頭に全村をあげての存続運動が展開されたが、結局、原里小学校への間借りに戻った。芹沢村長は新校舎建設のために各集落を奔走したが、永塚での説明会の最中に倒れ、帰らぬ人となった。村長の命を懸けた移転は五二年七月に新校舎が落成して結実することになる。(65)

子どもたちへの被害

演習場は、子どもたちから「学び舎」を奪うだけではなかった。一九五四年一二月一八日付『朝日新聞』静岡版は、「今年の特に目立った傾向は米兵による犯罪の激増だ」として、「昨年は十二件だったのが、今年は十月末までに約四倍を越える五十一件にもなり、御殿場署の悩みがまた一つふえた」「同署の統計によると強盗、婦女暴行、放火だけで十三件もあり、去年の六倍に近い」「十五件の業務上過失傷害はその全部が交通事故だが、示談解決した物件傷害だけのものを加えると三十件を上回り、同署管内に発生した交通事故の半数に近い」と伝えている。子どもたちも、海兵隊（米兵）によって大きな被害を強いられている。

●一九五四年五月一二日の夕方、駿東郡玉穂村で一三歳の女子中学生が弟を連れてウサギの飼料のために草刈りをしていたところ、電柱に隠れていた米兵（軍種不明）に襲われ、抵抗すると首を絞められた。弟が騒いで農作業中の付近の農民がかけつけたために米兵はそのまま逃走した。(66)

●一九五四年八月、駿東郡印野村の五七〇軒に給水する簡易水道の配水池に米兵が汚物を投げ入れ、村内に軽い下痢患者が発生する。配水池には、ハムやコンビーフ、食用油、雑誌類が投げ入れられ、ハムにはウジ虫がわいていた。また米軍サウスキャンプから流れ出る汚水で、子どもたちの水泳場所が奪われた。(67)

●一九五四年一〇月一〇日午前一一時ごろ、御殿場町（現在は御殿場市）新橋駅前の大通りで、海兵隊ジープが六歳の女の子をひき、そのまま逃走した。被害に遭った女の子は、左足を骨折し、全治一カ月の重傷を負った。(68)

●一九五五年六月二六日午後七時一〇分ごろ、富岡村で二二歳と一七歳の姉妹が二人の米兵（軍種不明）に呼び止められて困っているのを見つけた父親が娘を連れ戻そうとしたところ、米兵は拳銃を発砲して逃走した。(69)

また、演習場では不発弾の爆発が後を絶たず、多くの子どもたちが犠牲になった。一九五四年三月二〇日朝に東富士演習場の立ち入りが解除され、中に入った駿東郡須山村の四一歳の父親と八歳の息子が爆死した。二人は取得した米軍不発弾を解体しようと岩山に投げつけたところ爆発したらしく、父親は右腕だけが残され、息子の腹部には破片が飛込んで大腸が露出していた。(70)

演習場周辺の住民は、日本陸軍演習場当時から各市町村役場に料金を払えば、弾拾いが認められ、貴重な現金収入になっていた。四五年九月に米軍が東富士演習場を接収してからは不発弾の爆発などで八名が死亡、十数名が負傷し、多くの子どもたちも犠牲になっていた。(71)

●一九四八年四月、玉穂村滝ヶ原の中学一年生男子生徒が学校行事の植林中に拾った不発弾で負傷。

●一九四八年一二月、玉穂村中畑の神社境内で、子どもたちが拾ったロケット弾を野球のバットにして遊んでいたところ爆発し、七歳の男の子が即死、九歳の姉と一歳の弟、八歳の友達の男の子が負傷。

●一九五〇年二月、拾ってきた小銃弾を囲炉裏の近くで触っているときに爆発し、一八歳の男性が失明し、一一歳の弟も負傷した。

●一九五〇年、玉穂村で落葉拾いをしていた小学生数名が道路上に落ちていた不発弾を拾い、ねじって遊んでいると爆発、二名が負傷。
●一九五二年三月、富岡村の四〇歳の男性が、須山村の演習場内で廃弾拾い中に流弾に当たって死亡。
●一九五二年一〇月、原里村の古物商で、廃弾が処理中に爆発し、一五歳の男性従業員が即死。
●一九五二年一〇月、玉穂村の三七歳の男性ら三名が廃弾拾いに演習場に入り、警備員に撃たれて片手を失う。
●一九五三年一月九日、原里村の三〇歳の男性が自宅で廃弾処理中に爆発して即死、近くいた八歳の息子も負傷。
●一九五四年一月九日、原里村の五四歳の男性が自宅で廃弾処理中に爆発し、重傷を負って間もなく死亡。

一九五五年になっても、五月八日の午後二時三〇分ごろにノース・キャンプに無断侵入した一二歳の男の子が不発弾を拾ったところ爆発し、右手親指を吹き飛ばされて全治一カ月半の重傷を負う事故が発生している[72]。

また一九五五年五月一七日には、海兵隊トラックが修学旅行列車に衝突する悲惨な列車事故も起きている。午前二時半ごろ東海道線東田子—原駅間の踏切で、可燃性ペイント二五トンを満載した米軍富士キャンプの油送トラックが修学旅行列車に衝突する。列車は機関車と客車四両が脱線し、前部の五両が全焼した。この列車には、東京都の工学院大学付属高校二八一名、神奈川県川崎市立渡田中学校一三八名、兵庫県立辰(龍?)野実業高校二五〇名、兵庫県尼崎市立武庫中学校一三五名、東京都文華学園七八名など学校関係者七七五名、一般の二団体八七名が乗っており、教員二名と生徒八名が重軽傷を、また列車から逃げ出す際に二〇数名が軽傷を負った[73]。

楽しいはずの修学旅行は一瞬にして地獄と化す。列車に乗車していた文華女子高等学校教頭は次のように事故の様子を語った[74]。

もう旅行はこりごりだ。うつらうつら眠っていたらバッと明るくなり、ドスンと来た。前のほうはもう火の海…生徒にあわてないよう注意したが、ガソリンらしいものをつんだトラックをひきずったので、前から二、三番目の客車の下から一時に火がつき、たちまち客車は燃え上った。電柱も焼け倒れ、架線が切れ、マクラ木もこげるという火の強さだったがこれが一瞬の出来事だった。〔略〕幸い怪我人はなかったが危険極まりない、焼け落ちる列車をみながらやたらと怒りがこみあげてきた。

また、川崎市立渡田中学校教諭も次のように述べている[75]。

一週間の旅行でクタクタになり、十六日夜京都から修学旅行の生徒ばかりの臨時列車に乗った。長旅の疲れから生徒はぐっすり眠っていた。私はうとうとしていた。ガックンというショックと同時に前にはじかれた生徒とぶつかったと思ったとたんガァーンという鈍い音が前から聞こえてきた。同時にまわりが急に明るくなったのでなにかやったなという予感と逃げなければならないという気持が一ぱいで窓を開けた。駐留軍のトラックらしい大型車が前の方に食い込み、盛んに火炎をあげていた。すぐに生徒をうながし、私は窓から飛降り、女生徒を抱きかかえるようにして火の気のない海側の畑に全員避難した。ガソリンが流れ出したためか、火の回りが早く、飛出すのにやっとだった。およそ十分ぐらいたって消防団と地元民保線区員が駆けつけ、列車を切り離した。幸い私たちの学校は九両目に乗っていたためケガ人はなかった。ケガ人を出した列車は静岡の手前で全部生徒が降りていたはずだから遊び半分にあいた列車に乗込んだ生徒が災難にあったのではないかと思う。

海兵隊の演習場でも地域は大きな被害を強いられたが、ここでも子どもたちはその被害者だった。

（1）大阪防衛施設局「今津饗庭野中演習場—その運用と周辺対策等—」㈶防衛施設周辺整備協会「調和—基地と住民—」通巻八四号／二〇〇二年）

（2）筆者訪問 二〇一七年一一月

（3）桂田孝司「今津町西部の旧三谷村 福井県堺近くの山に消えていった村々 自衛隊の演習砲弾で追分も消えた」㈶滋賀県文化体育振興事業団『湖国と文化』第五六号／一九九一年夏号）など

（4）今津町史編集委員会編『今津町史 第三巻 近代・現代』（二〇〇一年）、『近畿最大の米軍基地 饗庭野 その危険な実態』（滋賀民報社／発行年不明）

（5）同右

（6）一九五三年八月七日付『読売新聞』滋賀版、一九五三年八月一八日付『朝日新聞』滋賀版

（7）今津町史編集委員会編 前掲書

（8）第０１６回国会衆議院外務委員会第１４号 昭和二十八年七月十五日—国会会議録検索システムで閲覧

（9）今津町史編集委員会編 前掲書

（10）一九五三年九月二四日付『読売新聞』滋賀版

（11）一九五三年一〇月一三日付『滋賀新聞』、一九五三年一〇月一三日付『朝日新聞』滋賀版、一九五三年一〇月一四日付『朝日新聞』滋賀版

（12）一九五三年一二月九日付『読売新聞』滋賀版、一九五三年一二月九日付『中日新聞』滋賀版、一九五三年一二月九日付『朝日新聞』滋賀版

（13）一九五三年九月一九日付『朝日新聞』滋賀版、一九五三年九月二〇日付『滋賀新聞』

(14) 一九五三年一〇月四日付『読売新聞』大阪読売新聞社・夕刊
(15) 一九五三年一〇月六日付『滋賀新聞』、一九五三年一〇月六日付『朝日新聞』滋賀版
(16) 一九五三年一二月一七日付『朝日新聞』滋賀版
(17) 一九五三年一〇月八日付『朝日新聞』滋賀版、一九五三年一〇月九日付『滋賀新聞』、一九五三年一〇月九日付『朝日新聞』滋賀版
(18) 一九五三年一〇月一〇日付『滋賀新聞』、一九五三年一〇月一〇日付『読売新聞』滋賀版、一九五三年一〇月一〇日付『朝日新聞』滋賀版
(19) 一九五三年一〇月一〇日付『朝日新聞』滋賀版
(20) 一九五三年一一月二五日付『読売新聞』滋賀版、一九五三年一二月四日付『朝日新聞』滋賀版、一九五三年一二月四日付『読売新聞』滋賀版
(21) 一九五四年五月八日付『滋賀新聞』
(22) 一九五四年九月二三日付『朝日新聞』滋賀版
(23) 一九五五年四月二三日付『中日新聞』滋賀版
(24) 一九五三年九月三〇日付『読売新聞』滋賀版
(25) 一九五四年五月一七日付『読売新聞』滋賀版、一九五四年五月一七日付『中日新聞』滋賀版
(26) 一九五四年六月一六日付『朝日新聞』滋賀版
(27) 一九五四年九月一七日付『朝日新聞』滋賀版
(28) 一九五四年九月二一日付『朝日新聞』滋賀版、一九五四年九月二一日付『読売新聞』滋賀版
(29) 一九五五年三月三一日付『滋賀新聞』、一九五五年三月三一日付『朝日新聞』滋賀版
(30) 一九五五年五月一七日付『朝日新聞』滋賀版
(31) 一九五五年九月七日付『読売新聞』大阪読売新聞社・夕刊
(32) 二〇一五年七月二〇日付『日本共産党高島市議団ニュース』号外、高島平和委員会・「ふるさとをアメリカ軍に使わせない滋賀県連絡会」・日本共産党滋賀県委員会による各要請書など——これらの資料は森脇徹高島市議、「ふるさとをアメリカ軍に使わせない滋賀県連絡会」および「あいば野平和運動連絡会」早藤吉男代表に提供していただいた。

(33) 二〇一八年一二月付「あいば野平和運動連絡会」ビラなど
(34) 神奈川県警察史編さん委員会編『神奈川県警史　下巻』(神奈川県警察本部／一九七四年)
(35) 同右、神奈川県県民部県史編纂室『神奈川県史　通史編5　近代・現代（2）』(一九八二年)、柴田尚弥編著『米軍基地と神奈川』(有隣新書／二〇一一年)
(36) 横須賀市編『新横須賀市史 別編 軍事』(二〇一二年)(a)
(37) 柴田尚弥編著 前掲書
(38) 横須賀市編『横須賀市史　市制施行八〇周年記念〈上巻〉』(一九八八年)、神奈川県県民部県史編纂室 前掲書、横須賀市 前掲書(a)
(39) 一九五二年九月二日付『神奈川新聞』
(40) 一九五四年八月二七日付『神奈川新聞』
(41) 一九五三年八月一五日付『毎日新聞』、一九四六年七月一九日付『朝日新聞』(茅ヶ崎市『茅ヶ崎市史5　新聞集成Ⅰ　市民の表情』一九九二年(a))
(42) 茅ヶ崎市史編纂委員会編『茅ヶ崎市史ブックレット13「演習場チガサキ・ビーチ」』(茅ヶ崎市／二〇一一年)、茅ヶ崎市編『茅ヶ崎市史4　通史編』(一九八一年)
(43) 一九四六年七月一九日付『朝日新聞』(茅ヶ崎市 前掲書(a))
(44) 茅ヶ崎市編『茅ヶ崎市史2　資料編（下）近現代』(一九七八年)
(45) 高橋富士夫「水産漁業への影響」(猪俣浩三・木村禧八郎・清水幾太郎『基地日本』和光社／一九五三年)
(46) 茅ヶ崎市史編纂委員会編 前掲書
(47) 横須賀市編 前掲書(a)
(48) 茅ヶ崎市編『茅ヶ崎市史　現代2　茅ヶ崎のアメリカ軍』(一九九五年)(b)
(49) 筆者訪問　二〇一九年五月
(50) 茅ヶ崎市編 前掲書(a)
(51) 第016回国会衆議院外務委員会第13号　昭和二十八年七月十三日―国会会議録検索システムで閲覧
(52) 一九五三年六月六日付『神奈川新聞』

(53) 一九五三年七月二三日『神奈川新聞』（茅ヶ崎市 前掲書(a)）
(54) 一九五三年六月一二日付『神奈川新聞』
(55) 茅ヶ崎市編 前掲書(b)
(56) 御殿場市史編さん委員会編『御殿場市史9 通史編下』（一九八三年）
(57) 同右、静岡県編『静岡県史 通史編6 近現代二』（一九九七年）
(58) 一九五四年二月二三日付『朝日新聞』山梨版
(59) 平井和子「米軍基地売買春と地域―一九五〇年代の御殿場を中心に―」（「年報日本現代史」編集委員会編『地域と軍隊』年報・日本現代史 第一七号／二〇一二年）
(60) 同右
(61) 平井和子「米軍と地域／性 占領期の東富士演習場の事例を中心に」（『季刊 戦争責任研究』No.45 二〇〇四年秋季号）
(62) 御殿場市史編さん委員会編 前掲書、静岡県編 前掲書
(63) 仁藤祐治『東富士演習場小史』（悦声社／一九七五年）
(64) 御殿場市史編さん委員会編 前掲書、仁藤祐治『岳麓漫歩（九）―続・東富士演習場小史―』（悦声社／一九八五年）(a)
(65) 御殿場市史編さん委員会編 前掲書（一九八三年）、仁藤祐治 前掲書(a)
(66) 一九五四年五月一三日付『静岡新聞』夕刊
(67) 一九五四年八月四日付『朝日新聞』静岡版、一九五四年八月一七日付『朝日新聞』静岡版
(68) 一九五四年一〇月一一日付『静岡新聞』朝刊
(69) 一九五五年六月二七日付『静岡新聞』夕刊
(70) 一九五四年三月二三日付『静岡新聞』朝刊、一九五四年三月二三日付『朝日新聞』静岡版
(71) 一九五四年三月二四日付『静岡新聞』朝刊、一九五四年三月二八日付『朝日新聞』静岡版
(72) 一九五五年五月九日付『静岡新聞』朝刊
(73) 一九五五年五月一七日付『中部日本新聞』朝刊、一九五五年五月一七日付『静岡新聞』夕刊

(74) 一九五五年五月一七日付『静岡新聞』夕刊
(75) 同右

第四章　航空基地——騒音と航空機事故

1　岩国基地

強化が進む岩国基地

住宅街として開発された山口県岩国市の愛宕山《あたごやま》の中腹から瀬戸内海を見下ろすと、巨大な岩国基地（米海兵隊岩国飛行場）が目に飛び込んでくる。海へ突き出した基地は、まるで洋上に浮かぶ巨大な不沈空母のように見える（【写真4―1】）。この航空基地は拡張・強化の最中にあった(1)。

一九六八年六月二日、福岡市米軍板付《いたづけ》基地（現在は福岡空港）所属F４Cファントム・ジェット戦闘機が九州大学に墜落した。この事故がきっかけとなり、同種の戦闘機が配備されている岩国でも基地撤去の機運が高まった。社会党、共産党、地区労働者協議会（地区労）、キリスト者平和の会は「岩国から基地をなくす会」を結成し、八〇〇〇名がこの運動に結集する。会は基地撤去の街頭署名行動を展開し、一週間で一万六〇〇〇筆の署名を集めた。しかし、保守系市議らによって、「基地撤去」は「沖合移設」にすり替えられていった。岩国市議会や山口県議会で岩国基地の沖合移設促進が決議され、岩国商工会議所など民間の促進団体も発足した。岩国市など一市七町も七七年に組織をつくり、山口県も加盟して官民の推進体制が整い、この下で三〇年にわたって沖合移設

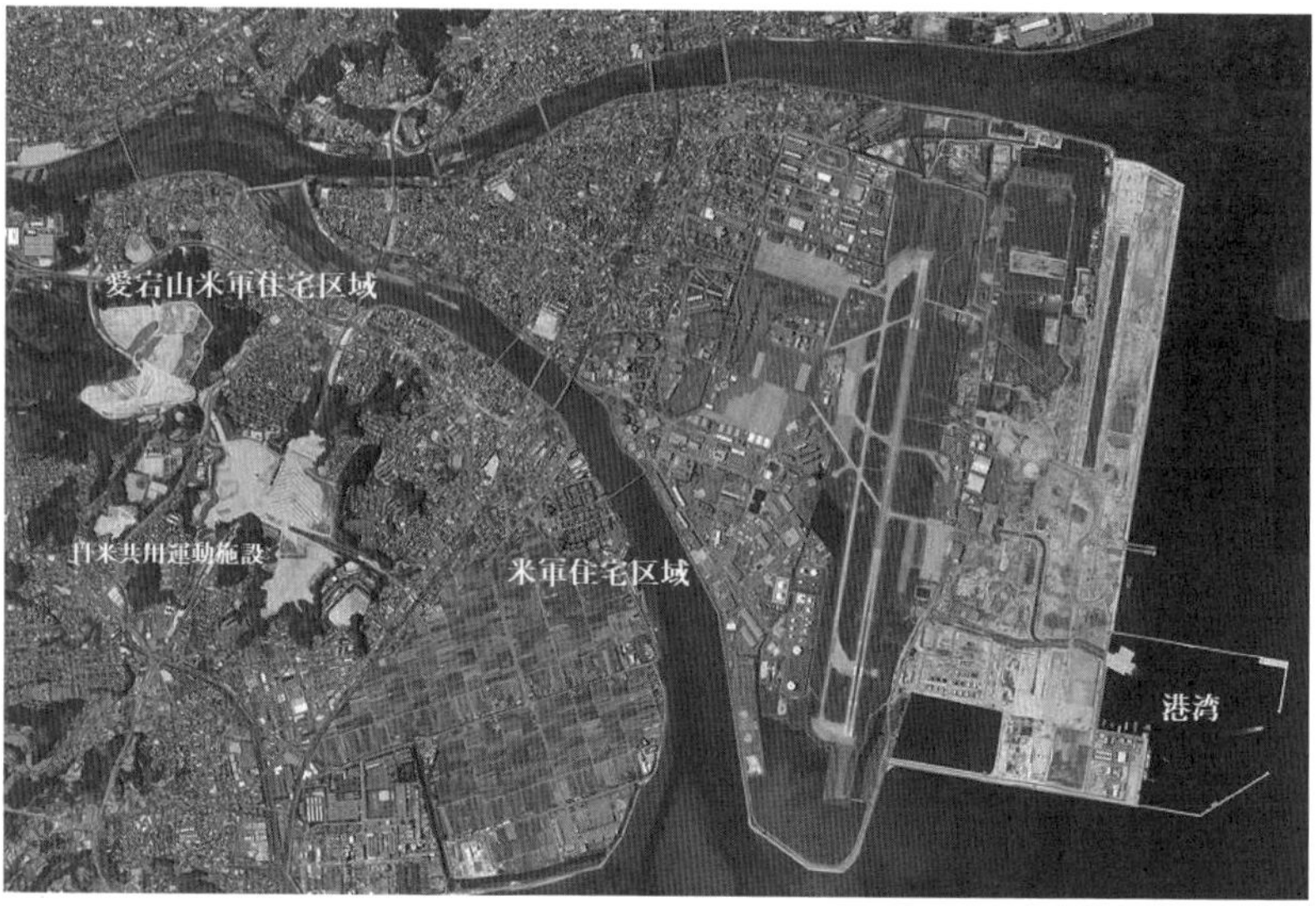

【写真４－１】岩国基地（国土地理院航空写真を加工）

促進運動が取り組まれる。地元の要望を受けて、国・防衛施設庁は、九二年八月に移設事業の推進を決定する。翌年から九五年までの三年間に実施計画及び埋立承認手続き等の諸準備が進められ、九六年度から工事に着工した。その後の一五年にも及ぶ工事の末、二〇一〇年五月二九日に新滑走路の運用が正式に開始された。総工事費は二五六〇億円に及んだ。[2]

　この基地の沖合移設は、さらに基地の強化にすり替えられ、危険除去を求めた地域の願いは踏みにじられていった。沖合移設により二一三haと一・四倍に拡張された岩国基地には、神奈川県の厚木基地に所属する米海軍空母艦載機の移駐が発表されることになる。また、沖合移設のために愛宕山の土砂が採掘され、一〇二haの開発地と二五一億円の借金が残された。山口県と岩国市は愛宕山開発計画との連動を水面下で国に要望してこれを実現させたが、いつの間にかこれは米軍住宅建設になっていた。

　国のあまりのやり方に、それまで「基地との共存共栄」を進めてきた岩国市でも反発が広がった。岩国市は、二〇〇六年三月に住民投票で空母艦載機部隊の岩国移転の賛否を問うた。六〇％近い投票率で、「反対」が約九〇％を占めた。これを受けて、井原勝介市長は艦載機の移駐に反対の立場を鮮明にする。(3)

日本政府と防衛庁は、全体重をかけてこの岩国の抵抗を押しつぶしにかかる。政府は一九九六年のＳＡＣＯ（沖縄における施設及び区域に関する日米特別行動委員会）合意にもとづき、空中給油機の普天間《ふてんま》基地から岩国基地への移転にともなう補助金四九億円を、岩国市に支出するとしていた。これを元にして岩国市は二〇〇五年から新市庁舎の建設に着手し、政府もまた〇五年、〇六年度と二カ年にわたり一四億円を交付した。ところが政府は、艦載機移転を受け入れないならば〇七年度の交付金三五億円を交付しないと圧力をかけた。苦境に立たされた井原市長は合併特例債を庁舎新築費用に充てようとするが、市議会の保守派は五度にわたってこれを否決し、井原市長は辞職と引き換えに可決を求めて市長選に打って出る。井原市長は〇七年一二月一六日の「岩国シンポジウム」で、次のように語っている。(4)

この間、私たちは誠意を持って話し合いを求めてきました。基地については撤去すべきだとか、いろいろな考えがありますが、私は米軍基地に協力していくという姿勢を持っています。でも国防政策といっても住民の安全を守っていくことは必要です。今回の神奈川・厚木基地からの米軍艦載機の移駐案はいきなりいままでの約二倍の五九機を持ってくる。それも激しい訓練をすることで有名な空母艦載機部隊の基地にするということです。将来に対する不安が払拭しきれていない。にもかかわらず補助金をカットし、交付金という飴玉をぶら下げて迫る。それで市民も分断し、周辺自治体も分断されはじめている。私は地域の安全安心という観点から納得いかなければ反対せざるを得ないと考えています。

しかし、日本政府の圧力には抗しきれず、艦載機移駐容認派の福田良彦・元自民党衆院議員が市長に当選する。民主主義や地方自治を踏みにじって、岩国基地の拡張・強化は進められていった。

二〇一八年に放映されたテレメンタリー2018「見返りのまち　極大化する米軍岩国基地」（山口朝日放送制作）は、厚木基地からの空母艦載機の移駐によって一二〇機体制になっていく岩国基地周辺の様子を伝えている。子どもの医療費や市立小学校の給食の無償化、一五〇億円の運動施設の建設など、岩国市は基地負担の対価として様々な恩恵にあずかり、福田良彦市長は「地域振興、国際交流、防災、様々な取り組みを、基地を取り込んでやっていこうということで、現実的な対応をこれまでやってきました」と述べる。福田市長になってから毎年一〇〇億円以上の交付金が支給されるようになる。しかしその一方で、音だけが頼りで生活している視覚障碍者の森本健一さんにとっては、航空機の騒音は命をも脅かす問題である。「〔艦載機の受入れを〕容認されると、私は生きる力がなくなる。あなたたちにはそれが届かなかったようです」と岩国市に抗議する森本さんの言葉は、最も弱い人たちを犠牲にして成り立っている基地の姿を浮かび上がらせている。

朝鮮戦争と岩国基地

岩国基地の歴史は、基地被害の歴史でもあった。基地周辺で発生した航空機の墜落、不時着、航空機からの落下物などの事故は、一九四八年から二〇一三年一月までに九七件（うち海上自衛隊は二八件）、このうち航空機の墜落事故は三三件（うち海上自衛隊は三件）に及んでいる。また米軍人などによる犯罪は、一九七二年から二〇一三年までに八二四件発生しており、そのうち殺人、強かん、放火などの凶悪犯は四三件に及んでいる。また米兵などによって引き起こされた交通事故は、一九七七年から二〇一三年までに二六二九件発生しており、一一人が命を落としている。[5]

岩国基地の歴史は一九三八年四月に日本海軍が建設に着手し、四〇年七月に岩国海軍飛行場として開設されたことにはじまる。日本敗戦の四五年九月に米海兵隊が進駐して基地を接収し、翌四六年二月からは英連邦空軍※が駐留した。五二年四月には日米安保条約に基づく米軍基地となり、英空軍などが撤退して米空軍、五四年には米海軍へと移管された。五〇年に朝鮮戦争が勃発すると、九月に「国連軍」として英海軍部隊・米海軍部隊が派遣され、岩国基地から単発戦闘機、ジェット戦闘機、中型爆撃機などで出撃していった。また、韓国に司令部を置いた米第一海兵航空師団も岩国基地を使用した。(6)

※英連邦軍――一九四六年から五二年まで日本に駐留したイギリス軍、オーストラリア軍、ニュージーランド軍、イギリス領インド軍から成るイギリス連邦の連合軍。司令部は広島県の呉に置かれ、中国地方、四国地方を中心に駐留した。

一九五〇年七月三日、米国防省スポークスマンは「米海兵隊および航空隊の航空部隊は日本派遣を命ぜられた」と述べ、米海軍省スポークスマンも同日、「マッカーサー元帥の指揮下に置かれる米海兵隊の地上部隊および航空部隊は輸送船で横須賀に送られることになった」と発表した。(7)日本に向かった第一海兵航空団第三三航空群は、ただちに爆撃二個分隊が空母から発進した海軍航空部隊と協力して地上部隊の援護作戦に従事した。海兵隊爆撃分隊と観測分隊も日本の基地を発進し、地上部隊の活動を支援した。一〇月になると第一海兵航空団は第五空軍の指揮下に入り、敵地深くの爆撃を主たる任務とした。航空攻撃は岩国基地を含む一五の日本の空軍基地から発進した爆撃機、戦闘機によってなされた。第一海兵航空団の出撃回数は一〇万七三〇三回、八万二〇〇〇トンの爆弾を朝鮮半島に投下した。他方で三六八機に損害を出している。(8)

この朝鮮戦争下の岩国を、一人の女子中学生が詠った一編の詩がある。(9)

愛する町だった

岩国市川下中学校三年
原田洋子

私たちの愛する町だった。

今、私たちの町は基地の町。
夜も昼も、爆音がひびき
町には夜の女

私たちの愛する町だった。

今、私たちの身辺は
どろ沼か、ごみ箱か。
私たちは、力いっぱい戦って
ごみ箱から抜けだそう。

私たちの愛する町だった。

朝鮮戦争の出撃拠点だった岩国基地は、地域に様々な被害を強いるようになる。中でも航空機事故は、深刻だった。「昭和二十五年十一月十日」付の「岩国市長　津田彌吉」より「中国地区民事部長」宛の山口県庁文書には、朝鮮戦争下で発生した爆撃機墜落事故のひとつが記録されている。朝鮮戦争が勃発して三カ月後の一九五〇年九月二七日、岩国基地から朝鮮戦争へ出動途中の米軍B26爆撃機が岩国市横山旭町の民家に墜落し、搭載燃料に引火して火災を起こした。この事故により民家三軒が全焼し、三名の住民の命が奪われた。また、搭載爆弾四個が行方不明となり、地域住民約一四〇名に避難命令が出て、二九日まで横山公会堂への避難を余儀なくされている。(10)

また朝鮮戦争によって、軍事基地が置かれた地域は「戦時体制」を強いられるようになる。出撃拠点としてあった岩国でも、地域の防空演習が実施されている。山口県は、朝鮮戦争開始直後から占領軍との連絡の下で「防空体制」の構築を進めていった。(11) 一九五二年六月九日、米空軍第一三師団は、広島地区国家地方警察と空襲警報網設置について暫定的取り決めを結んだと発表した。この取り決めは九州地区に次ぐものであった。(12) 七月八日に外務次官名で国警本部長官、地方自治庁長官宛に「在日合衆国軍施設において行われる防空演習に関する件」の通牒が発せられ、これに基いて七月二一日から三日間全国的規模の防空演習が行われた。(13) 岩国市を中心に隣接の和木（現在は和木町）、藤河、御庄《みしょう》、師木野《しぎの》（以上三村は現在は岩国市）の各村でも、七月二一日に防空演習が実施されることになる。①警戒情報―電話で国警県本部から玖珂《くが》中地区署を通じて岩国市消防本部に伝達、各市町村に知らせる、電燈は通常のまま、標識は黄色、②空襲警報―サイレンを連続して鳴らして伝達。直接電燈の光が屋外に漏れないようにする。街燈や自動車、自転車の燈火はそのままだが、屋外燈は消灯する。標識は赤色、③空襲解除―サイレンを鳴らして伝達。同時に岩国市から市広報号外で知らせる、という内容が七月一六日の山口県、岩国市、関係村の協議で決められた。(14) 防空演習の行われた七月二一日夜、空襲警報発令と同時に岩国では久能《くのう》寅夫岩国市長と二名の助役、消防長らが数班に分かれて市内の状況を視察した。

この演習は、名目上は「市民の自発的な協力」とされた。しかし翌二二日、久能市長は次のように述べて市民や地域に協力するよう圧力をかけている。「今度の演習はあくまで市民の自発的協力に待つものだけにその結果に大きな関心が寄せられていたが、予想外のよい結果を納め、とくに川下、室ノ木両地区は九〇％という成果であった。市民の真の協力に対し感謝したい。しかしながら一、二の地区は非協力という態度すらみえ、まことに遺憾であった。深い認識のうえに立っての今後の協力が望ましい」[15]。

海兵隊司令部の移駐と基地被害

岩国基地には一九五六年七月に韓国から第一海兵航空団司令部が移駐し、五八年からは海兵隊航空基地となる。アメリカ海軍航空隊岩国基地司令官プリモ大佐は五六年六月一五日の記者会見で、以下の内容を発表した。韓国から第一海兵航空団が岩国基地に移駐する。すでに三〇〇余名の海兵隊員が到着しているが、近く二一〇〇名が新たに到着し、総兵員数は六五〇〇名近くになる。また、第一海兵航空師団副司令官クロフト代将が紹介され、同代将は「われわれ第一海兵航空隊は必要のある間岩国に駐留するが、その目的は第三海兵師団の水陸両用戦を支持することと、訓練によって戦闘準備をする、との二つの目的がある」と語った[16]。

一九五六年五月一八日付『中国新聞』山口版は、「米海兵増員でわく基地岩国」と題するレポートを掲載している。

　現在、基地の正面に通ずる道路の両側には、駐留軍相手の商店街がめざましく進出、いま百貨店二、銀行一、ギフト・ショップ十七、洋服店七、外人経営のものをふくめた大小三十のキャバレーなどが商戦を張っている。このため昨年坪あたり一万五千円の土地が三万円にハネあがっており、この地方の好景気を裏付けている。数のうえでは圧倒的なキャバレーは、小さいのでテーブル五、大きいので二十五をセットした急増のバラック建。白昼というのにあやしげなレコードが流れ、女たちのきょう声がウズまくという異様な風景をかもし出している。

一九五六年七月一三日、第一海兵航空団の駐留式が行われ、基地司令官オニール代将は「この海兵隊は八月十日までに岩国基地への移駐を終えるが市民と手をとり合ってお互いのために尽し合いたいと思っている」と述べた。[17]しかしこの言葉とは裏腹に、海兵隊の駐留は地域に様々な被害を強いた。

岩国市川下の寿橋を通行していた七一歳の男性が、海兵隊員に川に投げ込まれて死亡する一九五五年七月一日の事件を第一章で紹介した。この橋からは前年夏から通行人が米兵に川に投げ込まれる事件が続発し、被害者は四名にのぼっていた。海兵隊員による「投げ込み事件」は、この後も止まることはなかった。五五年八月五日には、岩国市向今津キャバレー横で二〇歳の接客婦の女性が二名の海兵隊員に川に投げ込まれ、全治一〇日の打撲傷を負う事件が発生する。[18]被害女性は、「夕涼みを終えて二人の兵隊がそばで話し始めたので横を通りぬけて帰ろうとしていたところ、いきなり後から川の中に突き落とされたが、兵隊は私が落ちて苦しんでいるのを見てそのまま寿橋の方へ走って逃げていきました。この川に投げ込まれた人はほかにもたくさんあるはずです。酒を飲んでいたようですが、絶対に許せない行為だと思います」と述べている。[19]

山口県警本部は、一九五五年八月二七日付で事件が多発する岩国署に巡査部長二名、巡査六名を増員し、基地の門前にある川下派出所にも警察官を六名から八名に増強して、続発する海兵隊員の犯罪に対応しようとする。[20]しかし、海兵隊員による犯罪はその後も続いた。

●一九五五年九月一五日午後一一時五五分、酒に酔った海兵隊隊員が岩国市川下向今津キャバレー横でキャバレー女給の二一歳の女性を川に投げ込み、被害者を助けようとした二〇歳のボーイの男性も川に蹴落とした。さらに、騒ぎに駆け付けたマダムの三一歳の女性も川に投げ込まれる。[21]
●一九五六年七月三〇日に借金がかさんだ一九歳の海兵隊員が脱走し、八月二日に海兵隊軍曹の自宅に押し入り、現金二〇〇〇円を奪って逃走した。[22]
●一九五六年九月一二日午後一一時四〇分ごろ、岩国市川下本通りの路上で、三二歳の巡査が接客婦の女性を売春条例違反の現行犯で逮捕しようとしたところ、海兵隊員に顔面を数回にわたって殴られ、全治二週間の傷を負った。[23]
●一九五六年一〇月二五日午前一時半ごろ、岩国市中津の屋台でいっしょにそばを食べていた二二歳と二四歳の接客婦に海兵隊員が殴る蹴るの暴行を加える。[24]
●一九五六年一一月二五日午後一一時二五分ごろ、岩国市川下本通りのバーで海兵隊二、三名がケンカをし、二六歳の海兵隊員が頭部を強打されて即死した。[25]

移駐してきた海兵隊が引き起こす基地被害は、兵士による犯罪だけではなかった。一九五六年九月一九日午後一一時ごろには、海兵隊所属単発戦闘機スカイレイダーが岩国基地飛行場から離陸しようとして滑走路南端に墜落し、機体が炎上する航空機事故が発生している。[26] 先に見たように、海兵隊機などの航空機事故は、現在まで続いている。

また、一九五五年九月九日午前一一時五〇分ごろ、米海軍岩国航空基地の海兵隊一分隊と見られる七～八名が出門、同零時三〇分ごろに観光客で賑わう錦帯橋《きんたいきょう》下の河原において無許可で執銃訓練を行った。目撃者は、「八人ぐらいの米軍兵士が元陸軍の教練のようなものを錦帯橋河原で行っているので、はっとした。発砲はしなかったが複雑な気持ちだった。私のほかには観光客が多かったがおそらく同じような気持ちを抱いたことだろう」と証言している。また前岩国市議の男性は、「演習として一応の手続きをしたとか、しなかったとかいう単なる問題ではない。要は日本を独立国として認めているか、いないかということに帰一するものと思う。とくに岩国では兵士の不祥事件の続いた直後だけに、市民も真剣に考えなくてはならないだろう」とこれを批判している。[27]まさに占領軍意識丸出しの違法行為である。

この年には、「基地の子」であることを理由に、女子中学生が企業の採用試験に落ちる問題も起こった。岩国市川下中学校三年生の五名の女子生徒が鐘紡の京都工場の求人に応じて書類を提出したが、書類選考で全員不採用になる。不審に思った中学校の担当教員が鐘紡労務部広島支所に理由を質《ただ》したところ、「基地の子供は悪い環境の下に育っており、将来が思いやられる」と回答した。学校側の求めで二月に再び採用試験が行われたが、それでも四名が不採用になった。鐘紡側は「基地の子」であることを理由に不採用にしたことは否定したが、岩国では基地がある故の事件だと大きな問題になった。[28]

地域を押し潰した基地拡張

錦川の川下三角州の三分の二を占める岩国基地は、江戸時代、小藩だった岩国藩が農地を増やすために築いた干拓地で、山口県内でも有数の田園地帯だった。一九三八年に海軍が飛行場の建設に着手し、一二三haが強制買収された。四二年に水害が起こると被害を受けた農地も反（約九九一㎡）当たり数百円の二束三文で接収され、海軍の飛行場が拡張された。終戦時には四五〇haまで飛行場は拡張されていた。戦後、土地を接収された農民たちは、基地沖の無人島・甲島《かぶとじま》まで出かけて農業をしながら土地の返還を待った。しかし朝鮮戦争の勃発が、土地を奪われた農民たちの期待を握りつぶした。米軍の要請を受けた日本政府は、第一海兵航空団司令部が移駐する五六年までに現在の岩国基地北東部の農地など約一二〇haを三次に渡って買収し、基地は五七五haへとさらに拡張した[29]。このため米下院本会議は、五四年七月一五日に八億三七三六万九六〇〇ドルの軍事施設建設計画権限法案を可決した。このうち極東の米軍基地施設建設費は六八一七万五〇〇〇ドルで、ここには岩国海軍基地の飛行場舗装、弾薬庫建設、燃料補給所建設費二二四万六〇〇〇ドルも含まれていた[30]。

一九五六年三月八日付『中国新聞』山口版は、「岩国基地拡張工事を見て歩る記」と題するレポート記事を掲載している。

正面を入ってほどなく左折する。土砂を満載した大型トラックの影はみえないが、整地用トラクターが右に左に走り回っている。昨年の夏ごろまで、一面アシの原だった同地は、見違えるように埋めたてられ、その総面積は百町歩〔約九九・一七ha〕にのぼるといわれる。すでにカマボコ型の兵舎や倉庫数十むねの建設を終え、現在格納庫、事務所、クラブなどの建設が急がれているが、今後さらに映画館、体育館が設けられる。〔略〕

埋立は一メートル五十〔平均〕の高さにわたって行われており、この膨大な土砂は約半歳にわたって米軍大型トラック数十台が愛宕山ろくから運んだもので、いまさらながらその機動力には舌をまいた次第。〔略〕さきにわが国では初めての基地内への引き込み線が開通している同基地は、兵士二千名の増員をあと二カ月にひかえて、市民の複雑な気持をよそにこうして拡充されていく。

基地の拡張強化は、地域を押し潰していった。一九五四年一二月、岩国飛行場を管理する米軍から繊維メーカーの帝人岩国工場※に対し、航空障害物制限のために発電所の煙突を五〇フィート（一五・二四m）切断するように申し入れがあり、さらに日米合同委員会で日本側に、①岩国飛行場の侵入方向にある特定障害物の除去、②飛行場の進入方向に対する新築建設物に関する航空地役権の設定が要求事項として提案された。南北に伸びる岩国基地滑走路の北側延長線上には、帝人などの工場やコンビナート企業群が広がっていた。帝人本社の山辺万亀夫参与は「航空法規上、飛行機のじゃまになるとしても工場の煙突はむかしから立っているものだ。おまけにいままで黙認してきた駐留軍が司令官の更送を機会にこんな話を持出してきたのは納得できない。いずれにしても岩国市なり調達局なりを通じて折衝すべき問題だから会社としてはスジを通さぬ話は受付けない方針で行くつもりだ」と反発し、岩国市も五六年一月に市議会で「上空制限反対に関する決議」を採択するなどして反対運動を展開する。しかし、すでに上空制限要求によって新たな増設計画が立てられなくなっており、さらに各工場では墜落事故の不安や騒音に悩まされてきた。帝人工場内には模擬弾などの落下事故が四件、沖合に航空機が墜落した事故も二件あり、岩国工場は他都市への工場分散へと舵をきっていった[31]。

※帝人――一九一五年に山形県米沢市での東工業株式会社米沢人造絹糸製造所にはじまる繊維会社で、一八年に東工業から帝国人造絹絲株式会社として独立。岩国工場は、二七年に操業を開始した。

「国有提供施設等所在市町村助成交付金に関する陳情について」（課税課　昭43・8・13）[32]と題する山口県庁文書では、「この工業適地として発展すべき価値高い土地が、そこに米軍、自衛隊が存在することにより、有形、無形の制約を課せられて、市民生活発展向上の基盤であるところの生産面、安息面の伸展を阻害していること、極めて多大なるものがあります。〔略〕飛行機の進入表面下の既存工場においては、米海軍の上空制限により機械設備の新増設などを行なうに際して種々の支障があるため、遊休地を生ずるばかりではなく、他地区に移転する事態が発生しています」。「また、既存の農地や埋立計画地等三〇〇ヘクタールをこえる工場適地がありますが、これが侵入表面下あるいは水平表面下にあるため工場進出の希望も挫折のやむなきに至った企業も数多い有様です」。「万一石油コンビナートに落下物があった場合は、その土地の被害のみにとどまらず、コンビナート周辺は壊滅的な打撃を受けることが予想されるので企業の進出も慎重にならざるを得ません」と述べられている。基地は、岩国市の経済的な発展をも押し潰していった。

核兵器と岩国基地

岩国基地は海兵隊の核基地でもあった。一九五三年一月に共和党アイゼンハワー政権が成立すると、ニュールック政策が打ち出される。これは、通常兵力を減らしながら核戦力を重視することにより、少ないコストで軍事力を維持し、同時に同盟国に役割分担を求めるというものであった。同盟国には局地的紛争のための通常兵力が期待されるとともに、戦略空軍を中心とした核戦力を配備していく。そのために海外基地が位置付けられていった。朝鮮戦争時から、アイゼンハワー政権下での核基地化が進んでいく。戦略空軍に重点が置かれ、プロペラ機であるＢ29に代わって、五一年からジェット機のＢ47中距離爆撃機が登場し、五五年にはＢ52も登場した。戦略空軍の海外基地は、五七年までに二〇カ所に拡大され、五二年には日本にも置かれた。アジア太平洋地域では、沖縄に五四年七月に核兵器から核弾頭を取り外した核弾体が、同年一二月以降には核弾頭が配備されはじめ、その後、各種類の核兵器が置かれた。硫黄島には五六年二月から六六年六月まで弾体が、五六年九月から五九年末まで核弾頭が配備され、小笠原の父島には核弾頭が五六年二月から三月または五月まで短期間、レギュラスなどの核兵器が同年三月から六五年末まで配備されていた。日本への返還にともなって六六年までには両島から核兵器は撤去されたが、日米両政府は緊急時には米軍による核兵器の持ち込みを認める秘密合意を行っていた。日本「本土」には、核弾体が五四年一二月から六五年七月まで配備されていた[33]。

ノーチラス研究所が一九九九年一二月に発表した「SOP No.1」は、五六年に極東軍が作成した各軍種の装備・能力を統括して核戦争を遂行するための「統一作戦計画（Single Operation Plan）一号」のうち、主に兵站に関する部分が解禁されたものである。その末尾にふたつの表が付されていて、付表1「Atomic Weapons Accounts」には個人名・所属と住所、付表2「Weapons Disposal Capability」には部隊名と住所が記載されている。付表1には沖縄を含む日本の弾薬庫・基地の一三カ所、付表2にはグアム、フィリピン、韓国の弾薬庫・基地計四カ所と沖縄を含む日本の一〇カ所が記されている。ノーチラス研究所は、付表1の一三カ所が「核兵器もしくはその弾体を貯蔵していたか、あるいは危機・戦時に核兵器の受け入れを予定されていた」地点と考えているが、そこには「岩国海兵隊基地」も含まれている。[34]

岩国基地には、実際に一九六〇年代に核兵器が貯蔵されていた事実も明らかになっている。七八年八月、元米国防総省職員ダニエル・エルズバーグが共同通信社に「一九五〇年代末から一〇年間、岩国基地に核兵器が貯蔵されていたのは真実」と証言し、当初は米政府首脳もその事実を知らされていなかったとした。一〇月には、「国際反戦デー全国統一行動中国五県反戦集会」にエルズバークが参加し、六一年五月に岩国基地の海兵隊将校だったスペナートと六〇年代後半に核兵器を積んで日本に飛来したハバート元大佐も証言した。八一年五月には、ワシントン・ポストが「岩国基地に一九五九年から六一年にかけて核兵器を積んだ揚陸艦〔LST：Landing Ship, Tank〕が停泊していた」とのエルズバーグの証言を掲載し、当時の国務次官補のアレクシス・ジョンソン（後の駐日大使、国務次官）らもこれを確認した。六一年以降はこの揚陸艦は沖縄に移動したとしたが、その後、エルズバーグは記者会見で「岩国基地のLSTに積載された核は、一九六一年三月以前にもいったん沖縄に移されたた。しかし、その後再び岩国沖に回航され、一九六七年まで存在した。核兵器の種類は一・一トン級の水爆や戦術核兵器十発。当時は基地地下格納庫にも核兵器が貯蔵されていた」と証言した。[35]

まさに岩国基地は、そこに暮らす人々が全く知らない間に、海兵隊の核基地としても存在したのである。

2　伊丹基地

伊丹基地の歴史

大阪府豊中市・池田市、兵庫県伊丹市《いたみし》にまたがる伊丹空港（大阪国際空港）は、関西国際空港、神戸空港とともに関西三空港のひとつであり、日本の国内線の拠点空港（基幹空港）として運用されている。

一九三九年に逓信省によって開場した大阪第二飛行場が、この伊丹空港の起源となる。第一飛行場は大和川尻に計画されたが、実現することはなかった。完成した大阪第二飛行場は面積五三haで、八三〇mと六八〇mのアスファルト簡易舗装滑走路が設置された。四〇年からは二度の拡張工事が行われ、軍用指定を受けることになった。この工事には朝鮮半島から多くの労働者が集められ、過酷な労働を強いられた。これによって飛行場は約三・五倍の一八五haとなり、滑走路は一六〇〇mの主滑走路一本と一三〇〇mの横風用補助滑走路二本、一一〇〇m一本の計四本となった。四四年七月からは、第一航空司令官指揮下の第一一飛行師団飛行第五六戦隊の基地となる。[36]

敗戦後の一九四五年一一月一二日に伊丹飛行場監視隊から引き渡され、米軍に接収される。[37]「イタミ・エアベース」（伊丹航空基地）となり、米第五空軍の爆撃機が駐屯した。敷地内では、司令部、管制塔、集会所、体育館、プール、野球場、テニスコート、映画館などの設備が整備され、カマボコ型の一般兵舎が多数建設された。また、豊中市刀根山《とねやま》北部地区では、「刀根山ハウス」と呼ばれた米軍士官家族用住宅やアメリカン・スクールが新築された。朝鮮戦争が勃発すると、空軍のほかに海兵隊も駐屯するようになる。敷地内の兵舎には七〇〇〇名もの将兵がひしめき、大型輸送機、ジェット戦闘機、ヘリコプターが離着陸を繰り返した。[38]

大阪府豊中市蛍池《ほたるがいけ》一帯には基地の門前街が広がった。五三年九月時点でキャバレー一五軒、カフェ一七軒、飲食店四軒、「パンパン・ハウス」四二軒、土産物店二三軒、旅館六軒が立ち並び、米兵を相手に売春する女性六〇〇名が集まっていた。[39]

この間に二度の拡張計画があり、反対運動が取り組まれている。一度目は朝鮮戦争中の一九五一年で、六月から八月には基地拡張反対署名運動が取り組まれ、農業団体を中心に既成の地域諸団体が参加し、豊中市で一万一三一〇筆、池田市で八六二八筆、伊丹市で四三七四筆が集められた。六月には伊丹・豊中・池田の三市が連合して「伊丹飛行場拡張反対期成同盟」が結成され、政府への陳情団が派遣された。これによって基地の拡張は阻止される。二度目の基地拡張は五六年一一月に発表され、三市を含めて大阪・兵庫にまたがる全県民的なたたかいとなり、再び拡張計画は断念に追い込まれた。朝鮮戦争勃発二周年の五二年六月二五日には、吹田《すいた》事件が発生する。大阪府学生自治会連合主催の「伊丹基地粉砕、反戦・独立の夕」に集まった学生・労働者・在日朝鮮人がデモの途中で警官隊と衝突し、警官隊の発砲とデモ隊による火炎瓶の応酬となった。[40]

基地被害—爆音と事故

伊丹基地のジェット機による爆音下で暮らす豊中の生活詩人・谷村定次郎の一編の詩が残されている。[41]

「早くしろよ　今になるぞ」
家の中からどなつてくると
おれの夢は破れる

その頃になると
朝の定期便の爆撃機が
最高の爆音を鳴りひびかせ
幾機も幾機も西へ東へ飛び立ち
それを合図に
緑ヶ丘の保安隊も
バヅウカ砲をドカンドカンと打出して
もう何も聞こえなくなる

すると
メリーの乳房は固くなり
うしろ脚をじたばたしはじめ
でかい腹がビクビクふるえ
乳の出が悪くなる
仕方なくおれは
乳の溜つたバケツをけとばさぬよう
メリーの腹の下からいそいでさげて出る
メリーの乳房の甘いぬくみが移つた両手で

おれはメリーの首をなぜてやる
そのおれをみあげるメリーの
あのいつものぬれてかなしそうな
うるんだ眼の底に
鋭い怒りの眼差が湧き
爆音や大砲の音の方向に
ぐつと角をふり立てにらむようす

そこでだれもメリーと一緒に
空の爆撃機をにらみつけ
げんこをふり上げて叫ぶ
くたばつちまいやがれ
ちくしようめ　今にみろ　と。

朝鮮戦争ではジェット戦闘機が本格的に投入され、史上初めてジェット機同士の空中戦が展開された(42)。日本の航空基地から「国連軍」ジェット機は出撃し、ジェット機の爆音は地域に耐えがたい苦痛をもたらした。大阪都市騒音対策委員会（委員長・熊谷三郎）による豊中市での二四時間調査（一九五三年四月一三日）に参加した大阪市立大学教授の庄司光は、「飛行機、殊にジェット機の爆音は非常に大きなもので、都市で電車の騒音を近くで聞くと同じ程度である。これを一日に百数十回も聞くのだから、健康で文化的な生活は出来ないと云つても過言ではなかろう」とその影響を述べている。[43]

特に子どもたちへの被害は深刻だった。一九五二年一二月一三日付で文部省管理局長より都道府県教育長などに米軍施設による学校環境の影響についての調査が依頼される。大阪府学事課「進駐軍の駐留に伴う被害のため、学校施設の移転等及びその他の損失補償の有無の調査について 他」（作成日一九五三年二月三日）[44]は、この依頼を受けた大阪府教育委員会の調査報告である。ここでは例えば、豊中市立蛍池小学校での「騒音等による影響」について、「本校は伊丹飛行場の東方、数十米の位置に近接し、日々各種飛行機の発離着の際の爆音（特に東西線滑走路は校舎に平行　南方五、六十米の位置にある為、此の滑走路より発離着時は校舎が振動し、特にジェット戦闘機数機が飛行する場合の爆音は物凄く、授業の際は教師児童の会話は全く聴きとれぬため学習中断するのやむなき実状である）のため学習に大なる支障があり、之が影響は六ヶ年を通じて全児童の学力低下を招来すること甚大なりと認められる。尚万一飛行機が学校内に墜落する災難を考えると、幾百の人命の損失という大危険があるものと認められる」と報告されている。

この文部省の全国調査で、騒音被害に該当する学校が全国に三二八校あることがわかった。「駐留米軍隊の行為による特別損失の補償に関する法律」（昭和二十八年八月二十五日法律第二百四十六号）を適用して学校の移転、防音装置などの対策を立てることになり、五四年の秋には全国一一校で防音工事を実施することを決定した。[45]

関西では豊中市立原田小学校と伊丹市立神津《かみつ》小学校で工事が行われた。「ジェットの爆音も蚊の羽音…　関西初の防音校舎完成」と題する一九五五年三月八日付『朝日新聞』大阪本社・朝刊は、三六〇万円をかけて校舎の防音工事が完成した神津小学校児童の「飛行機の音はかすかに聞こえる程度で、よほど注意しないとわからない。これで一生懸命勉強できます」という喜びの声を伝えている。

しかし、この工事は新たな問題を引き起こした。米軍機の騒音からは解放されたが、蒸し風呂のように暑い教室で授業を受けることになる。一九五五年六月二〇日に開かれた豊中市教委での「学校防音研究会」で、豊中市立原田小学校は「十七日五年生約四十名を午前九時の始業時間から防音の閉鎖した教室で普通学習を行い、同十二時現在の児童の身体、教室の状況を測定したもので、これによると当時の湿度八七％、温度二十四度から頭痛を訴えるもの八名、汗ばむ者三名のほか息苦しく思うものが続出して授業継続は不能となった」と、防音工事完成後の授業の様子が報告されている。[46]

これは伊丹基地周辺の学校ばかりではなかった。一九五五年五月二八日付『中国新聞』山口版は、中国地方ではじめて工費八四四万円をかけて三棟・三二教室の防音工事を完成させた岩国市立東小学校の様子を、「一カ月間の授業では採光の不十分なことに加えて、教室内の最高気温は二七度を記録するひどい暑さのために児童たちが悲鳴をあげている」と伝えている。児童たちは「蒸し風呂に入ったようだ」と語り、たまりかねてせっかく二重にした窓を開けて授業をする始末だった。

朝鮮戦争が開始されると、伊丹基地周辺での米軍機事故も頻発するようになる。一九五〇年九月一八日には、米軍機が兵庫県川西市高芝地区に燃料補助タンクや模擬弾を落とし、家屋が全焼し、死傷者を出す事故を引き起こしている。[47] 五五年四月一四日午前九時ごろにも、大阪市港区の国鉄臨港線浪速駅（現在は廃止）の栃木踏切で米軍機とみられる航空機車輪の落下事故が起きている。[48]

伊丹市では海兵隊機の墜落事故も起こっている。一九五四年七月一日午前一〇時半ごろ、伊丹市伊丹八幡の国鉄福知山線塚口—伊丹間の伊丹駅南約七〇〇ｍの地点で米海兵隊伊丹基地所属の単発艦上攻撃機が火だるまになって墜落し、操縦士一名が即死、住宅二棟が半焼した。事故を目撃した四九歳女性は、一九五四年七月一日付『朝日新聞』大阪本社・夕刊に次のように語っている。

自衛隊の上あたりでボカンという音がしたので、びっくりして家から飛び出してみました。一台のアメリカの飛行機が五百メートルほどの高さから、こちらにすべってきました。どこへ降りるのかなどうもおかしいと思っていると突然火をふき、ゴォッーという地震のようなひびきを立ててまっさかさまに落ちてきたので、びっくりして逃げました。ふと振り返ると一面火の海でした。落ちたところはうちの子供たちが遊ぶ場所なので思わずハッとしましたが、きょうにかぎって一人もおらず胸をなで下しました。

ひとつ間違えば、子どもたちの命をも奪いかねない航空機事故だった。

3 厚木基地

厚木基地と基地被害

海上自衛隊と米海軍が共同使用する厚木基地は、綾瀬市深谷、蓼川《たてかわ》、本蓼川、大和市上草柳《そうやぎ》、下草柳、福田の五〇〇haの広大な土地に、米海軍厚木航空施設司令部のほか、太平洋艦隊に属する前方艦隊航空司令部、第七艦隊ヘリコプター部隊、第五空母航空団ヘリコプター部隊が配置されている。また、海上自衛隊は航空集団司令部のほか、哨戒機P1を運用する第四航空群司令部や第五一航空隊、第六一航空隊、航空管制隊等が置かれている。(49)

厚木基地は一九三八年に旧日本海軍が航空基地として建設に着手し、四一年から帝都防衛海軍基地として使用が開始されたことにはじまる。日本の敗戦後の四五年八月二八日に米太平洋陸軍第八軍の先遣隊が、同三〇日にはマッカーサーが厚木に降り立つ。九月二日には米軍に正式に接収され、四八年以降はキャンプ座間の米陸軍の資材置き場となっていた。(50)

一九五〇年六月の朝鮮戦争の開始によって、厚木基地は航空基地としての機能を拡充していく。五〇年一二月には米海軍第七艦隊艦載機の修理と補給および偵察業務を担う米海軍厚木航空基地となり、五五年までに基地司令部（厚木航空根拠地司令部）の各部局のほか、艦隊航空部隊日本司令部、海軍航空基地日本司令部、艦隊第一一航空整備中隊、第二三輸送飛行中隊、そして第一一海兵飛行連隊（第一海兵航空団隷下）などを抱える一大航空基地となった。五七年に米海軍は厚木基地の滑走路延長工事を開始し、翌五八年二月に一〇〇〇フィート（約三〇五ｍ）延長した八〇〇〇フィート（二四三八ｍ）の滑走路が完成した。航空機のジェット化がその理由であった。基地周辺の農地・山林の買収が二度にわたって実施され、六五年八月には滑走路の両端各一〇〇〇フィート（約三〇五ｍ）の安全地帯の拡張工事を完了させた[51]。

　基地の拡張・強化は、周辺に暮らす人々に筆舌に尽くしがたい苦痛を強要する。一九五八年一一月には被害に苦しむ基地周辺の地主らが土地買い上げを要求し、五九年六月からは基地周辺の住民が移転補償を求める運動を開始する。六〇年から七一年にかけて、農家を中心に大和市、綾瀬町（現在は綾瀬市）の二六二戸が住み慣れた土地から移転していった[52]。大和市の基地滑走路南北側で耕作する農民で組織する「厚木基地農地被害補償対策委員会」が六三年に出した政府による土地の買い上げを求める「要望書[53]」では、基地による「被害の実例」として、「大洋漁業が厚木に工場を決定する前〔略〕爆音のすさまじさに驚いて〔工場の建設は〕中止となりました」「航空機は、北部に四回、南部に二回墜落しており今後においても何時墜落するかわからない」「飛行機の部品とおぼしい物の落下物は、数へ《〔ママ〕》きれないほどあります」「その他パラシュートの落下、爆風、廃ガス、ガソリン、重油の漏出による被害等続出しています」と数々の基地被害を訴えている。

　ジェット戦闘機の騒音被害も地域を襲った。先にも見たように、一九五三年一一月から文部省では全国の小中高校での騒音被害の調査を実施したが、神奈川県でも同年一二月に二週間にわたって調査が実施された。特に厚木飛行場周辺の学校ではジェット機による騒音のひどさが報告され、綾瀬中学校では「飛行機の音響のため教室の後方で教員の声が聞き取れない」回数が一日で三三回にも及び、南大和小学校では同じく五四回に達しているとしている。(54)

一九六〇年からは、騒音に対するたたかいが開始される。厚木基地爆音防止期成同盟（厚木爆同）は、厚木基地爆音防止有償疎開期成同盟として六〇年七月、大和市上草柳の住民を中心に組織される。同年九月に参加地域を拡大して厚木基地爆音防止期成同盟に発展し、八〇年までに大和市内各所のほか、綾瀬町、藤沢市、海老名市、座間市、相模原市にも支部を組織し、米軍や国、県や関係自治体に対する爆音防止の要望書提出やテレビ・ラジオ受信料不払いの実力行使を展開する。七八年九月には厚木爆同が中心となって組織された原告団（大和市九一名、座間市一名）および原告弁護団（二〇名）によって国を相手どった訴訟（第一次厚木爆音訴訟　航空機発着差止等請求事件）が開始され、現在までに第五次の訴訟がたたかわれている。(55)

また、航空機による事故も深刻な被害をもたらした。一九六〇年四月一三日付「厚木基地進入区域周辺ノ航空機事故ニツイテ（依頼）(56)」と題する文書は、六〇年四月の座間調達事務所長から綾瀬町長への補償業務処理のための厚木基地離発着地周辺での航空機事故発生場所の問い合わせ文書である。ここでは日本の「独立」直後の一九五三年五月から五九年末までの二二件の基地周辺での航空機事故が記されている。

●一九五三年五月　綾瀬町大塚で離陸しようとしたジェット機が境界線を突破して麦畑に突入し、六〇坪（約一九八㎡）に被害。

●一九五三年一〇月　綾瀬町大塚で離陸しようとしたジェット機が境界線を突破して陸稲畑に突入し、五〇坪（約一六五㎡）に被害。

●一九五四年五月　綾瀬町大塚で着陸しようとしたジェット機が麦畑に突入し、五〇坪（約一六五㎡）に被害。

●一九五四年九月　綾瀬町蓼川で離陸しようとしたジェット機が陸稲畑に突入し、約八〇坪（約二六四・四㎡）に被害。

●一九五五年一〇月　綾瀬町蓼川で離陸しようとしたジェット機が陸稲畑に突入し、約八〇坪（約二六四・四㎡）に被害。

●一九五六年五月二二日　大和町（現在は大和市）深見島ヶ丘でヘリコプターが空中分解して麦畑に墜落して六二七坪（約二〇七三㎡）に被害。

●一九五六年七月二四日　大和町上草柳で吹流しを電線に接触させて切断。

●一九五六年九月二〇日　綾瀬町早川でジェット機が補助タンクを落下させ、家屋に被害。

●一九五六年一一月一〇日　大和町福田及び綾瀬町本蓼川で離陸前ジェット機の弾薬が爆発・墜落し、畑二一五〇坪（約七一〇七㎡）、山林一五〇坪（約四九六㎡）、町道一三五〇坪（約四四六三㎡）に被害。

●一九五七年二月四日　大和町上草柳でジェット機の補助タンクが落下し、麦畑三坪（約九・九㎡）に被害。

●一九五七年三月一四日　大和町上草柳でジェット機の補助タンクが落下し、麦畑一〇〇坪（約三三一㎡）に被害。

●一九五七年四月一五日　大和町上草柳で吹流しにより電話線を切断。

●一九五七年五月七日　綾瀬町藤ノ森及び同深見でジェット機が離陸直後に墜落し、麦畑一〇〇坪（約三三一㎡）に被害。

●一九五七年五月二二日　大和町渋谷及び福田でジェット機が着陸の際吹流しを引きずり、畑一三〇坪（約四三〇㎡）に被害。

●一九五七年七月一五日　厚木基地内滑走路延長工事現場でジェット機が着陸の際に工事現場のトラック鉄製コンクリート枠に接触。

●一九五七年七月二五日　大和町上草柳でジェット機が機関部故障のため墜落し、畑五〇〇〇坪（約一・七ha）に被害。

●一九五七年一一月一七日　大和町上草柳で吹流しを鉄道架線に接触させ切断。

●一九五八年一月二九日　綾瀬町藤ノ森で離陸しようとしたジェット機が境界線を突破し、麦畑六〇坪（約一九八㎡）に被害。

●一九五八年四月七日　大和町福田で離陸しようとしたジェット機が境界線を突破し、麦畑六〇坪（約一九八㎡）に被害。

●一九五八年五月六日　大和町福田で離陸しようとしたジェット機が境界線を突破し、麦畑六〇坪（約一九八㎡）に被害。

●一九五九年六月二六日　大和市上草柳でジェット機が離陸直後に墜落し、鉄線架線・電話線を切断し、また農地約一三〇〇坪（約四二九八㎡）に被害。

●一九五九年一二月二四日　大和市福田で離発着の際に爆弾が後方へ飛び炸裂し、一名が負傷して雑木約三〇本に被害。

神奈川県内で発生した軍用機の墜落、不時着、部品の落下などの事故は、一九五二年四月から二〇〇七年一二月までに二三二件にも及んでいる。(57) 海兵隊機も多くの航空事故を引き起こし、現在まで地域に甚大な被害を与え続けている。

親子の命を奪った海兵隊機墜落事故

横浜市中区「海の見える丘公園」の小高い丘に「愛の母子像」がある。関東大震災で倒壊した旧フランス領事官邸遺構や見事なローズガーデンなどに歓声をあげる観光客の目には、この小さなブロンズ像は入ってこない。この像に併設されている説明板には、次のように記されている。(58)

昭和52(1977)年9月27日、横浜市緑区荏田町《えだちょう》(現青葉区荏田北)に米軍機が墜落し、市民3人(母と幼い子二人)が亡くなりました。

生前に海が見たいと願っていたことから、この公園に愛の母子像の寄付を受け設置したものです。

一九七七年九月二七日午後一時一七分ごろ、洋上で行動中の米海軍第七艦隊空母ミッドウェーに向けて米海軍厚木飛行場を離陸したRF4Bファントム戦術偵察機が、飛行開始後にエンジンに火災を起こし、飛行航路上にある宅地造成地に墜落した。同機は米海兵隊岩国基地から派遣されたミッドウェーの所属艦載機で、空母は海軍と海兵隊との混成部隊から成っていた。乗員は機長の海兵隊大尉と海兵隊中尉の二名であった。二人の乗ったファントム機はミッドウェー司令官から「千葉県野島岬の東南方沖に待機する空母ミッドウェーに二七日午後二時一五分に着艦せよ」との任務を受けて、午後一時一七分ごろに厚木基地を離陸していた。横浜市緑区上空で火を噴いたファントム機から二名の乗員は脱出して墜落現場から三㎞離れた地点に降下し、自衛隊ヘリコプターに無事に救助された。しかし、ジェット燃料を満載した全長一九・一七m、重さ二六・三トンの無人のファントム機は住宅街へと落下し、住民三名が死亡し、九名が重軽傷を負う大惨事となった。家屋は全・半壊がそれぞれ三棟、さらに住宅の窓ガラスや屋根瓦などの破損が三〇件、駐車してあった自動車十数台も損傷を受けた(59)。

海兵隊ジェット機に命を奪われたのは、当時二七歳の林和枝さんと長男の裕一郎君（当時三歳）、次男の康弘君（当時一歳）の親子だった。農業を営む林家には、和枝さんとつれあいの妹である早苗さん（当時二六歳）、裕一郎君、康弘君が茶の間にいた。異様な音に続いて衝撃が林家を襲った。飛散していくジェット燃料の帯は居間を直撃し、爆風は四人を一瞬で吹き飛ばした。家はあっという間に炎につつまれ、四名は重体で病院に運ばれた。三歳の裕一郎君が息を引き取ったのは、翌二八日の午前零時五〇分だった。介護をしていた祖母への「おばあちゃん、バイ、バイ」が最後の言葉だった。続いて午前五時三〇分に一歳の康弘君が亡くなる。父親の励ましに応えて、「ポッ、ポッ、ポッ」と大好きだった鳩ポッポの歌を歌って間もなくだった。重傷を負った母親の和枝さんは二人の子どもの死を知らされないまま我が子への責任感から必死の闘病生活を続けるが、二人の子の死を知らされて大きなショックを受け、事故から四年後の一九八二年一月に子どもの後を追いかけるように亡くなった(60)。

二人の子どもの像を建設したいという生前の母親の希望は、父親によって「港の見える公園」内に「愛の母子像」として実現する。この母子像は一九八四年一二月に完成し、翌八五年一月に建立除幕式が開催された(61)。

厚木基地を使用する海兵隊機が引き起こす航空機事故は、各地で頻発した。

●一九五四年五月一四日午前一一時半ごろ、梨ガ原キャンプ・マクネア演習場で急降下爆撃訓練をしていた海兵隊所属のジェット戦闘機が山中湖に墜落し、乗員一名が即死した。この日は早朝からジェット戦闘機四機が二機ずつ編隊を組んで富士山北口（山梨県南都留郡《みなみつるぐん》中野村―現在は山中湖村）上空で高度約二〇〇〇mから地上の仮目標物に爆弾投下の訓練を行っていたが、一一時半ごろ突然にそのうちの一機が富士ゴルフ場上空で故障を起こし胴体の下側後方から火を噴いて湖上に落下。同時にガソリンが飛んで爆音とともに機体は七分程で炎上し、十数分後に湖中に沈んだ[62]。

●一九五五年六月二六日、夜間レーダー訓練を終えて厚木基地に帰還途中の海兵隊ジェット機の燃料が尽き、海上に墜落する[63]。

●一九五五年六月二八日、大島付近で行方不明となった厚木基地所属の海兵隊ジェット機が大島三原山山腹に衝突しているのが発見される[64]。

●一九五六年二月三日午前一一時ごろ、東京上空で練習飛行中の第一海兵航空団所属のジェット機が国鉄小岩駅上空付近できりもみ状態となり、東京都葛飾区下小松町の民家に大音響とともに墜落した。民家三軒が全焼し、二軒が半焼、家の中にいた二名が重傷などを負った[65]。

●一九六一年四月二一日午前九時一〇分ごろ、厚木基地を離陸した海兵隊岩国航空基地所属のA４Dスカイホーク攻撃機が神奈川県藤沢市高倉の住宅地に墜落し、パイロット一名と住民一名が死亡、住民二名が負傷、家屋六棟が全焼、一棟が半焼した[66]。

●一九六四年四月五日午後四時二八分、厚木基地に向けて着陸態勢に入った海兵隊岩国基地所属の海兵隊機ＲＦ８Ａクルーセイダー偵察機が東京都町田市原町田の商店街に墜落し、死亡四名、負傷三一名、家屋全半壊二四棟の大災害を引き起こした[67]。

海兵隊機の引き起こす事故によって、多くの人々の生活や命が奪われていった。

4　ヘリコプターによる被害

阪神飛行場

大阪では、伊丹基地のほかに、阪神飛行場（現在は八尾空港）に海兵隊ヘリコプター部隊が置かれた。米海兵隊は世界のどこの軍事組織より先にヘリコプターを導入し、朝鮮戦争ではじめて実践に投入した。一九五〇年八月に最初のヘリコプター観測飛行中隊ＶＭＰ６が参戦して、指揮、幕僚連絡、弾着観測のほか七〇六七名の戦傷者を救出した。同年九月の仁川《インチョン》上陸作戦でも、海兵隊ヘリコプターは戦闘を監視する海兵隊兵士によって使われている。五一年八月にはシコルスキーＨＲＳ一五機で編成された最初の中型輸送ヘリコプター中隊ＨＭＲ161が参戦し、六万四六名の兵員と七五〇万ポンド（約三四〇二ｔ）の装備を運び、二七四八名の戦傷者を救出した。同年九月から一〇月の昭陽江《ソヤンガン》への作戦で、海兵隊は作戦地帯でのヘリコプターによる最初の空輸を試み、六〇㎜迫撃砲や七五㎜無反動砲を運搬する。それまで一日以上が必要であった一〇から一五マイル（約一六・一～二四・一四㎞）の距離を、ヘリコプター部隊の使用によって数時間以内で移送することができるようになった。(68)

阪神飛行場は、一九三八年に開設した阪神飛行学校附属飛行場にはじまり、中河内郡大正村（現在は八尾市）にあったことから三九年に「大正飛行場」と称された。四〇年には陸軍に接収されて阪神飛行学校は閉鎖になり、新たに土地が買収されて総面積は二八〇haになる。このときには木の本地区・田井地区では学校や墓地の移転を余儀なくされ、農地を手放した人たちは軍の施設で働くことになるなどの負担を強いられた。(69)

戦後は米軍に接収される。大阪への本格的な米軍の進駐は一九四五年九月二七日からで、列車で南海湊駅に進駐した大半の部隊が関西線八尾駅から宿舎である阪神飛行場へ入った。九月二七日に大正飛行場監視隊から米軍第九八師団司令部へ引き渡された。進駐軍の連絡飛行場になったが、外郭地帯の一部は耕作が許され、飛行場付近の七〇〇戸の農家では八尾市、南河内郡志紀村（現在は八尾市）などに対して飛行場の滑走路を除く土地の耕作を要望してきた。また五二年に阪神飛行場に駐留していた米軍が朝鮮に移動すると、一部で民間機使用が認められるようになっていた(70)。

一九五三年になると、海兵隊ヘリコプター部隊が阪神飛行場に移駐してくる。八月一三日、突然、米極東空軍伊丹基地司令官から阪神飛行場を使用している各民間航空会社と新聞社、そして大阪府に対し「九月一日までに米軍から借り受け現在使用中の格納庫、事務所などの施設一切を明渡した上、西側の格納庫跡に移動」するようにとの申し入れが行われ、翌一四日には早くも、海兵隊Ｓ55型ヘリコプター三〇機と連絡機一五機が飛来して使用を開始した(71)。

格納庫の明け渡しを求められた新聞各社と民間航空会社は、極東空軍司令官、運輸大臣、日米合同委員会に陳情書を提出し、「阪神飛行場は米軍の好意により日本機のみで自由に使用することのできるわが国で最も重要な飛行場であった。今回再び米軍に使用されることになり、格納庫も明渡しを要求されたが、これは再開後約一年のわが国民間航空にとっては致命的事態である。在阪航空団体は、根本問題として同飛行場の早急な返還を望むとともに、とりあえず格納庫明渡しの猶予を米軍ならびに関係当局に懇請(72)」した。一九五三年一一月から中部、近畿、中国の飛行関係団体でつくる関西飛行協会は「民間航空発展のため阪神飛行場返還の署名」を開始し、これを阪神飛行場だけではなく「各地の飛行場を返還せよ」という国民運動にまで広げるために全国にさきがけてのテストケースとして位置づけた(73)。また基地に農地を奪われた周辺地域の農民も、飛行場の返還と農地への解放運動を開始した。

海兵隊ヘリコプター基地化は、周辺にも深刻な被害をもたらす。ここでも一番の被害者は子どもたちだった。

志紀村では、一九五四年二月五日に赤間大阪府知事を招いて公聴会を開催し、基地問題について協議した。この中で志紀村教育長は、村立中学校の北側に軍用道路があり、一日平均一三〇〇台のジープやトラックがごう音と砂塵をあげて通る。また南には一〇〇m離れた所にヘリコプターの離着場があり、爆音の絶え間がなく、授業は一時中断される有様である。最近の統計では一日一三七回、六六分間授業ができなかったと訴えている。(74)

追浜基地

神奈川県では、横須賀市追浜《おっぱま》にヘリコプター基地が建設され、伊丹基地と阪神飛行場から海兵隊ヘリコプター部隊が移駐してくる。ここでも海兵隊基地は地域へ被害を強いていく。

追浜は一九一二年一〇月に海軍航空技術研究委員会の飛行場が建設されたことにはじまり、一六年に海軍航空隊令が公布されて航空技術研究委員会に代わって横須賀海軍航空隊が開設されると、この地は海軍航空隊発祥の地となった。敗戦後に米軍に接収されていたが、四七年に追浜地区旧軍施設の一部が米軍接収から解除され、五一年には二二社の民間企業が進出した。しかし、五一年九月に米陸軍から追浜地区の調達要求が出され、米陸軍兵器廠が設置された。また、五三年八月からは米陸軍の特需会社であった富士自動車株式会社が進出しており、さらに五四年七月には日本飛行機株式会社が兵器廠内に進出し、追浜地区は米陸軍の修理基地と化していた。(75)

一九五三年末から追浜にヘリコプター基地が建設されはじめる。翌五四年二月二五日に行われた日米合同委員会で、横須賀市追浜の追浜野球場（現在は横須賀スタジアム）に隣接した約一万九千坪（六・二八ha）の空地を米軍ヘリポートとして提供することが決められ、「海兵隊ヘリコプター部隊の発着場及び住宅敷地として使用する」とされた。大阪の伊丹空港と阪神飛行場から海兵隊ヘリコプター部隊が移駐してくるとし、「本地区が提供されれば現在阪神飛行場所在のヘリコプター部隊はこの地区に移転し阪神飛行場は海兵隊到着以前の条件で日本側の共用を認める」とした[76]。この土地には、横須賀市総合計画のうちラグビー場、相撲場の建設が予定されていた[77]。

海兵隊ヘリコプター部隊の移駐は、地域に様々な被害をもたらすことになる。海兵隊が移駐するやいなや三軒のキャバレーが建設され、横須賀市追浜東町地区の主婦五〇人は「住宅街に建つキャバレー、カフェーなどの悪循環から子供を守ろう」と「追浜主婦の会」を結成する[78]。また洋裁学校が突然、外国人用ホテルになり、連日、午前二時ごろまで騒音が絶えることがなかった。五四年五月二四日、横須賀市追浜南町一丁目の住民代表が横須賀市建築課を訪ねて善処を陳情しているが、四三歳の女性は「騒音と不安で神経衰弱となり寝込んだ主婦もあるなど昔からの住宅街が安心して住めず、私たち主婦の間では連日集まってはどうしたものかと話し合っていますが、結論が出ず、ホテルの経営者に話しても一向に善処してくれません」と訴えている[79]。

ヘリコプターがまき散らす爆音も深刻だった。追浜基地近くの横浜市金沢区では各家庭や学校、病院などで騒音被害が出て、特に学校の授業が邪魔されることや病院の安静患者が困っているとして、五四年九月一六日区長や市議が区民代表として米海兵隊第一六航空師団司令官に騒音の軽減を陳情している[80]。横須賀市立追浜保育園の保母は、「ヘリコプターが離発着の時は爆音で子供たちに話す声もきこえません。付近の住宅では寝ている子も目を覚ましますが、演習がはじまると子供たちは窓の外ばかし見ているので困ります」と海兵隊ヘリコプターによる被害を語っている[81]。

追浜や横須賀に駐留する海兵隊ヘリコプターの事故も多発している。一九五三年一一月五日朝には、神奈川県小田原上空で大阪へ向かっていた追浜基地所属の海兵隊ヘリコプターが事故を起こし、日本専売公社小田原工場広場に不時着している[82]。また、翌五四年三月一九日午前一一時一〇分ごろ、横浜市港北区池辺町《いけのべちょう》の水田に横須賀海兵隊所属の練習用ヘリコプターが空中分解して墜落、乗務員三名が焼死した[83]。一〇月一三日午後二時ごろには横須賀市長沢海岸上空で追浜基地所属の海兵隊ヘリコプター二機が衝突し、一機は海岸から一五〇メートル沖に、もう一機は海岸の波打ち際に墜落した。この事故で乗員三名が死亡している。[84] 五五年六月二八日にも、厚木基地所属の海兵隊ヘリコプターが墜落し、乗員四名のうち一名が行方不明になっている。[85]

海兵隊の駐留する航空基地は、騒音や航空機事故など、さまざまな被害を地域に強い続けた。

（1）筆者訪問日　二〇一六年一一月
（2）山口県岩国市『基地と岩国　平成26年版』、岩国市史編纂員会編『岩国市史 下』（一九七一年）、中国新聞社「岩国50年」取材班編『基地イワクニ～日米安保のはざまで～』（中国新聞社／一九九六年）、池田慎太郎「〝基地の街〟岩国の戦後史―朝鮮戦争からベトナム戦争の時期を中心に―」（「年報日本現代史」編纂委員会『地域と軍隊　年報・日本現代史』第一七号／二〇一二年）
（3）週刊金曜日編『岩国は負けない　米軍再編と地方自治』（金曜日／二〇〇八年）
（4）同右
（5）山口県岩国市　前掲書
（6）同右、川上高司「アメリカ海兵隊創設の歴史と役割の変遷」（拓殖大学海外事情研究所『海外事情研究報告』通号四五号／二〇一一年）
（7）一九五〇年七月五日付『防長新聞』
（8）庄司潤一郎「朝鮮戦争と日本の対応（続）―山口県を事例として―」（『防衛研究所紀要』第一〇巻第二号／二〇〇七年一二月）、郷田充『航空戦力　その発展の歴史と戦略・戦術の変遷　下』（原書房／一九七九年）、野中郁次郎『アメリカ海兵隊　非営利組織の自己革新』（中公新書／一九九五年）
（9）清水幾太郎・宮原誠一・上田庄三郎編『基地の子　この事実をどう考えたらよいか』（光文社／一九五三年）
（10）「占領軍飛行機事故による災害補償について　渉外課　昭25・11・29」（山口県編『山口県史　資料編　現代5』二

〇一七年）
（11）Yamaguchi Prefecture, Strictly Confidential Emergency Measures Plan（「事変の本邦に及ぼした影響」簿冊名「朝鮮動乱関係一件　第2巻」外務省外交史料館所蔵　請求番号：A'.7.1.0.5　国立公文書館デジタルアーカイブで閲覧）
（12）一九五二年六月一二日付『防長新聞』
（13）第013回国会参議院本会議第68号　昭和二十七年七月二十三日―国会会議録検索システムで閲覧
（14）一九五二年七月一八日付『中国新聞』山口版、一九五二年七月二一日付『防長新聞』
（15）一九五二年七月二三日付『中国新聞』山口版
（16）一九五六年六月一六日付『防長新聞』、一九五六年六月一六日付『中国新聞』夕刊
（17）一九五六年七月一四日付『中国新聞』山口版
（18）一九五五年八月七日付『朝日新聞』大阪本社・朝刊
（19）一九五五年八月七日付『中国新聞』山口版
（20）一九五五年八月二八日付『防長新聞』
（21）一九五五年九月一六日付『朝日新聞』大阪本社・夕刊
（22）一九五六年八月三日付『中国新聞』朝刊、一九五六年八月四日付『中国新聞』朝夕刊
（23）一九五六年九月一四日付『中国新聞』夕刊
（24）一九五六年一〇月二六日付『中国新聞』夕刊
（25）一九五六年一一月二七日付『中国新聞』朝刊
（26）一九五六年九月二一日付『防長新聞』
（27）一九五五年九月一三日付『中国新聞』朝刊
（28）一九五六年三月一〇日付『中国新聞』朝刊
（29）「飛行場拡張用地第二工区一件」（山口県編 前掲書）、中国新聞社「岩国50年」取材班編 前掲書
（30）一九五四年七月一七日付『防長新聞』
（31）岩国市史編纂員会編 前掲書、中国新聞社「岩国50年」取材班編同右、一九五五年七月二二日付『毎日新聞』大阪本

社・朝刊
(32) 山口県編 前掲書
(33) 林博史『米軍基地の歴史 世界ネットワークの形成と展開』(吉川弘文館/二〇一二年)
(34) 島川雅史『アメリカの戦争と日米安保体制 在日米軍と日本の役割』(社会評論社/二〇一一年)
(35) 中国新聞社「岩国50年」取材班編 前掲書
(36) 豊中市史編さん委員会編『新修 豊中市史 第2巻 通史2』(二〇一〇年)、伊丹市編纂室編『伊丹史話』(一九七二年)
(37) 「昭和20年11月15日 第11飛行師団経理部長 土地建造物引渡に関する件報告」(「昭和20年11月15日 土地建造物引渡に関する報告 第11飛行師団経理部長」防衛省防衛研究所所蔵 請求番号:中央-終戦処理-898 国立公文書館デジタルアーカイブで閲覧)
(38) 豊中市史編さん委員会編 前掲書
(39) 大阪軍事基地反対懇談会事務局・関西軍事基地反対連絡協議会共編『立ち上がる!基地京阪神 原・水爆基地を日本からとりはらえ!』一九五四年(佐藤公次編著『米軍政管理と平和運動 補強第二版』せせらぎ出版/一九八八年)
(40) 豊中市史編さん委員会編 前掲書、伊丹市編纂室編 前掲書、青島章介・信太忠二『基地闘争史』(社会新報/一九六八年)、西村秀樹『大阪で闘った朝鮮戦争 吹田枚方事件の青春群像』(岩波書店/二〇〇四年)、脇田憲一『朝鮮戦争と吹田・枚方事件 戦後史の空白を埋める』(明石書店/二〇〇四年)
(41) 猪俣浩三・木村禧八郎・清水幾太郎『基地日本』(和光社/一九五三年)
(42) 郷田充 前掲書
(43) 庄司光「心身に及ぼす影響について その一」(青島章介・信太忠二 前掲書)
(44) 大阪府公文書館所蔵(簿冊登録番号:9921 件名登録番号:143903)
(45) 一九五三年九月二三日付『毎日新聞』大阪本社・夕刊、一九五四年一〇月二二日付『読売新聞』河内版、一九五四年一〇月二五日付『朝日新聞』大阪本社・夕刊、一九五五年三月八日付『朝日新聞』大阪本社・朝刊
(46) 一九五五年六月二一日付『読売新聞』北摂版
(47) 豊中市史編さん委員会編 前掲書

(48) 一九五五年四月一四日付『朝日新聞』大阪本社・夕刊
(49) 綾瀬市ホームページ「厚木基地の概要」https://www.city.ayase.kanagawa.jp/hp/page000020100/hpg000020060.htm
(50) 海老名市編『海老名市史8　通史編　近代・現代』(二〇〇九年)、綾瀬市編『綾瀬市史7　通史編　近現代』(二〇〇三年)(a)
(51) 柴田尚弥編著『米軍基地と神奈川』(有隣新書／二〇一一年)
(52) 同右
(53) 綾瀬市編『綾瀬市史4　資料編　現代』(二〇〇〇年)(b)
(54) 一九五四年三月三日付『神奈川新聞』
(55) 厚木基地爆音防止期成同盟『爆同50年の軌跡　厚木爆同50周年記念誌　平和で静かな空を求めて50年』(二〇一〇年)など
(56) 綾瀬市編 前掲書(b)
(57) 神奈川県綾瀬市編『綾瀬市と厚木基地』(二〇〇八年)
(58) 筆者訪問　二〇一九年五月
(59) 河口英二『米軍機墜落事故』(朝日新聞社／一九九一年)
(60) 同右、海老名市編 前掲書(二〇〇九年)、防衛施設庁史編さん委員会他『防衛施設庁史』(二〇〇七年)
(61) 防衛施設庁史編さん委員会他 同右
(62) 一九五四年五月一五日付『山梨日日新聞』、一九五四年五月一五日付『朝日新聞』山梨版
(63) 一九五五年七月二日付『読売新聞』大阪読売新聞社・朝刊
(64) 同右
(65) 一九五六年二月四日付『中国新聞』朝刊
(66) 綾瀬市編 前掲書(a)
(67) 同右
(68) 野中郁次郎 前掲書、Jack Murphy, *History of the US Marines*: Brompton Books, 1984

(69) 八尾市史編纂委員会編『八尾市史』(一九五八年)、八尾市教育委員会生涯学習部文化財課市史編集室編『八尾の歴史 2万年のストーリー』(二〇一五年)

(70) 八尾市史編纂委員会編 同右、八尾市教育委員会生涯学習部文化財課市史編集室編 同右、大阪府警察史編集委員会編『大阪府警察史 第3巻』(一九七三年)、一九五三年八月一二日付『読売新聞』河内版、「昭和20年11月15日 第11飛行師団経理部長 土地建造物引渡に関する件報告」(「昭和20年11月15日 土地建造物引渡に関する報告 第11飛行師団経理部長」防衛省防衛研究所所蔵 請求番号:中央-終戦処理-898 国立公文書館デジタルアーカイブで閲覧)

(71) 一九五三年八月一四日付『毎日新聞』大阪本社・朝刊、一九五三年八月一四日付『朝日新聞』大阪本社・夕刊、一九五三年八月一五日付『朝日新聞』大阪本社・朝刊

(72) 一九五三年八月一五日付『朝日新聞』大阪本社・朝刊

(73) 一九五三年一二月一二日付『読売新聞』大阪市内版

(74) 一九五四年二月六日付『読売新聞』河内版

(75) 横須賀市編『横須賀市史 市制施行八〇周年記念〈上巻〉』(一九八八年)、横須賀市編『新横須賀市史 通史編 近現代』(二〇一四年)

(76) 「追浜スポーツセンターの使用要求に関する件・外務省1」(内閣総理大臣官房総務課「総理府公文・巻32・昭和28年」国立公文書館所蔵 請求番号:平1総00134100 国立公文書館デジタルアーカイブで閲覧)

(77) 一九五四年二月二六日付『神奈川新聞』など

(78) 一九五三年二月一三日付『朝日新聞』神奈川版(第二神奈川版B)

(79) 一九五四年五月二九日付『朝日新聞』神奈川版(横須賀・鎌倉)、一九五四年六月一九日付『神奈川新聞』

(80) 一九五四年九月一七日付『神奈川新聞』、一九五四年九月一七日付『朝日新聞』神奈川版(横須賀・鎌倉)

(81) 一九五四年五月二三日付『朝日新聞』神奈川版(横須賀・鎌倉)

(82) 一九五三年一一月六日付『朝日新聞』神奈川版(相模)

(83) 一九五四年三月二〇日付『山梨日日新聞』

(84) 一九五四年一〇月一四日付『神奈川新聞』、一九五四年一〇月一四日付『中部日本新聞』朝刊

(85) 一九五五年七月二日付『読売新聞』大阪読売新聞社・朝刊

第五章　基地への抵抗

1　反基地運動の開始と海兵隊

戦後反戦・平和運動の始動と反基地運動

一九五四年六月一二日、海兵隊駐留下の奈良で「ヤンキー・ゴーホーム事件」が起こる。この日の午後一一時ごろ、奈良市高畑町の奈良学芸大学（現在は奈良教育大学）さくら寮での寮祭を終えた寮生三〇名が市内清水通で「ヤンキー・ゴーホーム」と大声で叫んだところ、たまたま近くのバーにいた海兵隊員数名が学生に殴りかかり、二名がそれぞれ全治一週間と二週間の傷を負った。(1) この事件の当事者である小舟章夫さん（一九五四年 学芸大学卒業）は、当時を次のように回想している。(2)

二九年〔一九五四年〕の秋〔ママ〕、寮祭でファイヤーストームを行い、清水通りでヤンキー・ゴーホーム事件をおこした。原因は政治的な背景ではなく、当時駐留していたアメリカ兵が夜遅くまで騒いだり、多くのバーやキャバレーから風俗の乱れを見聞きしていた吾々《われわれ》の平素の憤りから、ストームのいきおいをかりて、通りや店の前で学生が「ヤンキー、ゴーホーム」を叫んだのである。

数人の黒人兵が、近くにあったまきを持って寮生になぐりかかって来た。私は皆に「逃げろ」と指示しながら、身をもって黒人兵を静めようとした。ずい分わき腹をなぐられたのを覚えている。すぐにＭＰ（ミリタリーポリス）や日本のパトカーがすっ飛んで来て、パンツ一枚のあわれな姿のまま警察に連行され、事情聴取が終わったのは、真夜中である。〔略〕日ならずして、進駐軍の奈良司令官に呼び出された。「あなたは共産党員か」と尋ねられた。

私は、この件は政治的なものではないと、平素の生活の状況をつぶさに説明し、〝奈良は日本人のふるさとである〟と答えた。彼は私の気持ちに同意し、私たちをなぐった黒人兵を探し、暴力を振るったことを誤〔ママ〕まらせると言ってくれた。

この回想には、占領は終わったにもかかわらず、日米安保体制下で外国軍隊の駐留下に置かれ続けた地域の率直な反米感情がよくあらわれている。

一九五〇年代に入り、日本の独立が日程にのぼってくると、各地で米軍基地に反対する地域闘争が開始されるようになる。四八年に米軍に接収されていた千葉県九十九里浜の豊海《とようみ》演習場（五二年に片貝《かたかい》高射砲射撃演習場に名称変更）にはじまり、五二年秋からの石川県内灘演習場の接収反対運動、五三年四月からの長野県と群馬県の妙義《みょうぎ》・浅間一帯の接収反対運動などが展開された。また五四年に米側が航空機のジェット化や大型化に対応するために木更津《きさらづ》（千葉県）、新潟、小牧（愛知県）、伊丹《いたみ》、横田（東京都）、立川《たちかわ》（東京都）などの飛行場の拡張を求めると、各地で激しい反対運動が展開され、立川での砂川闘争は農民や支援の学生・労働者が警官隊と激しく衝突した。[3]

一九五〇年七月にＧＨＱの意向を受けて反共ナショナル・センターとして結成された総評（日本労働組合総評

議会）は、翌五一年の第二回大会で全面講和、中立堅持、軍事基地反対、再軍備反対の平和四原則を行動綱領として採択し、反米左派へと転換していった。五二年の第三回大会で左派社会党※への支持を決定した総評は、五六年の六全協（日本共産党第六回全国協議会）で武装闘争路線を放棄した共産党との共闘を進めていく運動方針を採択する。五五年一〇月には左右の社会党が左派の影響力の下に再統一し、ここに社共―総評による戦後の階級闘争構造が構築されることになる。

※左派社会党――一九五一年、サンフランシスコ講和条約と日米安保条約をめぐり社会党は左右に分裂し、左派社会党は両条約に反対した。また、非武装中立を主張して再軍備にも反対し、護憲を訴えた。分裂時には一六議席だった左派社会党は、総評の支援を受けて五五年の総選挙では八九議席へと議席を伸ばしていった。

総評は「地域ぐるみ」の反基地運動を打ち出し、各地域の反基地運動と結びながらこの全国化を進めていく。これは、一九五五年に全国軍事基地反対連絡会議の結成へと結実していく。五三年末に作成され、五四年に発表された「基地反対は全国民と共に　総評の考え方　軍事基地反対闘争の組織化について」では、「基本的な考え方」として「基地反対闘争は労農ていけいの場でなければならない。基地のために直接害悪をうける農漁民と組織された労組の共闘が必要である」とし、「軍事基地による共通の利害または相互にうける害悪は扶助し合い、基地撤廃まであらゆる手段をつくして大衆的行動によって闘うこと」を「目的」とした「軍事基地をもった住民によって組織され、地区労協（地区共闘）単組、農民団体、漁民団体、青年婦人団体、階級的団体に限定」した「基地周辺闘争委員会」を組織するとした。九州から北海道まで全国を一一のブロックに分け（沖縄を除く）、地方闘争委員会の本部は「ブロック中最も強い県にお」くとし、さらに「全国的に統一した軍事基地反対運動をまき起こし、平和国民の統一戦線の場をつくる」ことを「目的」にして、「総評を中心とする全国単産、農民団体、漁民団体、全国組織のある各民主団体をもって組織する」「中央闘争委員会」を展望した。(4)

海兵隊と反基地運動

海兵隊が駐留・使用した基地や演習地の置かれた地域でも、反基地運動が進められていった。これまで述べてきた基地や演習地の置かれた地域の運動について、簡単に見ていきたい。

①キャンプ岐阜

岐阜大学本部や農学部のある稲葉郡那加町《なかちょう》のキャンプ岐阜へ海兵隊が大挙して移駐してくるとのうわさが広まると、岐阜大学農学部教職員組合、同大学自治会が同町の婦人会、労組、青年団に呼び掛けて第一回基地問題懇談会を一九五三年七月四日に開催し、軍事基地反対、文教地区擁護の運動を開始する。(5) 岐阜大学農学部自治会は九月一一日朝九時から学生大会を開催し、午後からデモ行進をおこなった。学生大会では基地対策問題などが議論されたが、警官発砲事件（那加事件―第二章参照）について「両巡査の民衆を守った行動を絶対に支持する」などを決議した。また、岐阜大学農学部教職員組合も一一日午後から執行委員会を開き、警官発砲事件では二巡査を全町民で守ることや同日開催の学生大会に連帯することを決議した。(6) 学生大会に続いて午後三時半からデモ行進に移り、農学部のトヨペットを先頭に「九・九事件（警官発砲事件）は正当防衛だ。われわれは熊崎、郷両警官を支持しよう」「眼先の利益よりも子供の教育を」「婦人の純潔を守ろう」などのプラカードを押して、スピーカーで「下宿から追出さないようにして下さい」と町民に呼び掛けた。(7)

また、岐阜労協（岐阜県労働組合協議会）も九月一五日、那加基地特別対策委員会を開き、十数回にわたる実状調査の結果に基づく具体的な反対運動方針として、①安保破棄、行政協定破棄の目標に向かって終局の目標を米軍撤退に置き、基地反対闘争を行う　②那加への海兵隊増駐に断固反対、農民、勤労者を植民地的脅威から解放、正しい教育と明るい健全社会の秩序を維持する　③月末に基地反対勤労者大会を開催する、などを決定した。[8]この方針は、一〇月三〇日に開催された第四回岐阜労協で「基地対策」の方針として決定され、[9]運動が展開されていく。

②関西

関西では、これまで述べたように饗庭野《あいばの》演習場やキャンプ奈良、伊丹基地、阪神飛行場など各地で反基地運動が取り組まれ、この全関西的な組織化が進められていった。関西軍事基地反対懇談会などで活動した佐藤公次は、先に紹介した「基地反対は全国民と共に　総評の考え方　軍事基地反対闘争の組織化について」の方針は、「関西が先行的に組織化し、東京などがこれを追いかけていった」と当時を回想している。[10]

大阪、京都、兵庫、奈良四府県の軍事基地反対代表者会議が一九五三年八月一二日に関西軍事基地反対懇談会として開催され、同月二〇日に大阪で和歌山、滋賀を含む二府四県の代表者会議を招請して「全関西軍事基地反対連絡協議会」の第一回協議会を開催することを決定する。全関西軍事基地反対連絡協議会の活動開始から一年余のちの五四年九月二二日の第三回総会で会則を採択し、常任世話人として日本農民組合・全国農民組合、大阪地評（総評大阪地方評議会）、私鉄総連（日本私鉄労働組合総連合会）、大教組（大阪教職員組合）、調達局労組、全駐労（全駐留軍労働組合）、国鉄労働組合、全電通（全国電気通信労働組合）、全青年婦人会議を選出した。会則では、「軍事基地による共通の被害、または相互にうける被害をとり除くため、互に助け合い、基地撤去まで、あらゆる手段をつくして大衆行動をおしすすめる」（第二条）とし、「労働組合、農民組合、漁民組合、青年団体、婦人団体」などによる「基地周辺連絡会」か、「それが未結成の場合」には「各基地周辺の労働組合、農、漁民組合の支部、分会、婦人会、青年団」、「基地問題対策、各基地周辺連絡会議の確立のため積極的に活動中の個人」

（第八条）を「会員」とした。(11)

一九五六年九月には、小畑忠良（日中・日ソ国交回復関西国民会議議長）、本庄実（大阪平和連絡会会長）、帖佐義《ちょうさ》行（大阪総評事務局長）、村尾重雄（全労会議議長）、辻元八重（大阪婦人団体協議会会長）、松葉静子（大阪市婦人団体協議会副会長）、田辺納（農民組合代表）、田万清臣（護憲連合大阪議長）、恒藤恭《つねとうきょう》（大阪市立大学学長）、菅原昌人（弁護士）、難波美知子（大阪主婦連会長）の一一名の代表幹事と約二〇〇名の呼びかけで、個人会員を正会員とする「大阪平和を守る会」が結成され、翌五七年には会員数が約五〇〇〇名に膨れ上がっている。(12)

③神奈川

関西とならんで各地に海兵隊が駐留した神奈川県では、横浜市港北区根岸町の接収に反対する運動をきっかけに、原水禁運動を背景として全県的な反基地運動が急速に強まっていった。藤沢市辻堂海岸では、一九五五年七月末に陸揚げされたオネスト・ジョン原子ロケット砲が辻堂演習場（茅ヶ崎ビーチ）で試射される予定だと伝えられたことから、藤沢・茅ヶ崎《ちがさき》両市の有志とＰＴＡ、婦人団体、労働組合が「原子砲反対市民同盟両市連絡会」を結成し、署名や請願が開始され、藤沢市議会も「オネスト・ジョン基地化事前防止」要請を決議している。こうした県下各地の基地闘争の広がりのなかで、五五年八月二七日に横浜で「軍事基地反対、平和擁護、神奈川県民大会」が開催され、「神奈川県軍事基地反対連絡会議」が結成された。当日は、各地の代表に加え、総評神奈川地方評議会、左派社会党、共産党、労農党のメンバー約六〇〇人が集まった。(13)

この大会で辻堂の代表者は「茅ヶ崎、辻堂の演習場に原子砲ロケットがくるのではないかと当局に抗議しているが、生死のドタン場にきている」、池子《いけご》の代表は「逗子弾薬庫に原子砲ロケット弾頭らしいものがもちこまれている。さきごろ火薬庫の解除をしてもらおうと、三日間で二万八千名の署名をあつめて要求したが、こんごもみんなで問題にしていきたい」とし、各地での現状や取り組みの報告がなされている。[14]

④岩国基地

第一海兵航空団司令部の移駐を前にした岩国基地の拡張では、地主側が坪（約三・三㎡）一〇〇〇円の土地買い取り価格を要求したのに対して、政府側が同四〇〇円を提示して対立する。強制収用を憂慮した岩国市が介入して、一九五六年二月一五日に調達庁、岩国市長、岩国市議会議長が覚書に調印し、共産党員の抗議もあったが、地主側も坪五〇五円での土地の売却を受け入れる。[15] 岩国平和委員会会長を務めた河野勲さんは、当時を次のように証言している。[16]

六〇年安保の以前でも、基地の拡張で二回土地の取り上げが行われた際に「土地取上反対」という形で、平和友の会での取り組みがありました。当時、全国的にも、たとえば砂川事件とか内灘事件といった反基地闘争というのがありました。岩国の場合の二回の土地取り上げのうちの一つは、現在の弾薬庫のある所の一部。それから最近返還された引込線を敷く所だったのです。しかし、これらは耕地ではありませんでしたから、あまり大きな闘争にはなっていないんです。全国的には大きな闘争がありましたけどね。

それでも、第一海兵航空団の爆撃演習が申し入れされた大田演習場では、地域ぐるみの反米軍基地闘争が取り組まれている。鍾乳洞で有名な山口県秋吉台にあった大田演習場は、戦後ニュージーランド部隊が駐留して射撃演習場として使用し、一九四九年からは米軍が使用していた。第一海兵航空団が岩国に移駐した一九五六年になると、調達庁は地元に使用条件の改訂を申し入れた。それは米軍機による射撃演習を実施するというものだった。

これに対して秋芳《しゅうほう》・美東《みとう》（現在は、両町は合併して美祢《みね》市）の両町議会が全会一致で反対の決議をしたのをはじめ、接収解除の期成同盟を結成して激しい抗議行動を展開する。また秋芳洞など学術的に貴重な天然記念物もあることから日本学術会議も反対を表明するなど、大きな盛り上がりを見せた。この結果、一〇月には調達庁が爆撃演習場化を断念すると発表した(17)。

このように海兵隊が駐留する基地や演習場の各地域で反基地運動が展開されたが、「オール大阪」で取り組まれた大阪市立大学の返還運動と、三里塚と並んで戦後を代表する農民運動として取り組まれた北富士闘争について詳しく見ていきたい。

2　大阪市立大学——学園を取り戻すたたかい

キャンプ信太山からの海兵隊移駐

一九五四年二月、第三海兵師団第九連隊司令部がキャンプ岐阜からキャンプ信太山《しのだやま》に移駐してくる。

一八七一年一〇月二八日に大阪鎮台が信太山を射的場として利用したいと堺県（現在は大阪府と奈良県の一部）に申し入れ、翌年四月に信太山で「大砲試験打」が行われたことにキャンプ信太山の歴史ははじまる。その後、射的場は拡大され、諸施設も整えられていった。射的場の着弾地点の延長線上は流弾の被害に苦しんだ。七八年九月には、現在は国の重要文化財に指定されている高橋家住宅が被弾し、屋根瓦などに被害が出た。八六年二月には四貫目（一五kg）の砲弾が三時間で六発も飛来し、六月には北池田小学校校庭に弾丸が飛び込んだ。狭隘などの理由で八〇年代半ばから射的場の機能は他に移り、陸軍演習場として利用されはじめる。アジア太平洋戦争中、演習場は周辺の民有地を買収して拡大し、一帯への軍事関連施設の集中が進んでいった。

戦後は一九四五年一〇月上旬に米軍が進駐し、一〇月一二日に占領軍への引継ぎが完了した。陸軍演習場のときには認められていた演習場内での耕作は多くが放棄させられ、原状回復を命じられたところもあった。演習場内の周囲から五〇ヤード（約四六m）の一定区域については条件付きで耕作が認められたが、耕作者には誓約書の提出が求められ、演習場内に立ち入るための腕章が配布された[18]。朝鮮戦争下からキャンプ信太山には海兵隊が駐留し、海兵隊学校が設置されていた。

一九五二年四月二八日の日本の「独立」を前にして、演習場の開放を求める運動があらわれる。五二年一月に安保条約にもとづく提供施設として演習場と兵舎があげられると、信太村を中心に和泉町、八坂町、北池田村、福泉町、美木多村《みきたむら》（以上、六町村は現在は和泉市、堺市）が共闘して演習場開放運動を開始した。結局、全面開放とはならず、信太山演習場は安保条約による米軍の提供施設となり、日本の独立後も米軍の使用するところとなった。実際には米軍から借用する形で演習場を主に使用したのは保安隊であった。しかし、五三年六月に入ると米軍の再使用がはじまり、ライフルなどの実弾演習などが実施された。これにより、演習場内への農民の立入禁止措置が取られた。米軍再使用を前にした五月から、演習場開放運動が再燃する。関係自治体に加えて、総評大阪地評などの労働組合を中心とした大阪軍事基地反対懇談会やＰＴＡなどもこの運動に取り組み、大きな盛り上がりを見せた。しかし、信太村当局は「思想的悪影響」が広がることを恐れて、当局の手で運動が抑制できなくなる前に要求を認めさせるよう米軍との取り引きに走った[19]。

このような中で第三海兵師団第九連隊司令部は、キャンプ岐阜から移って半年もたたない一九五四年七月、大阪市立大学（以下、大阪市大）を接収していたキャンプ堺に再移駐することになる。

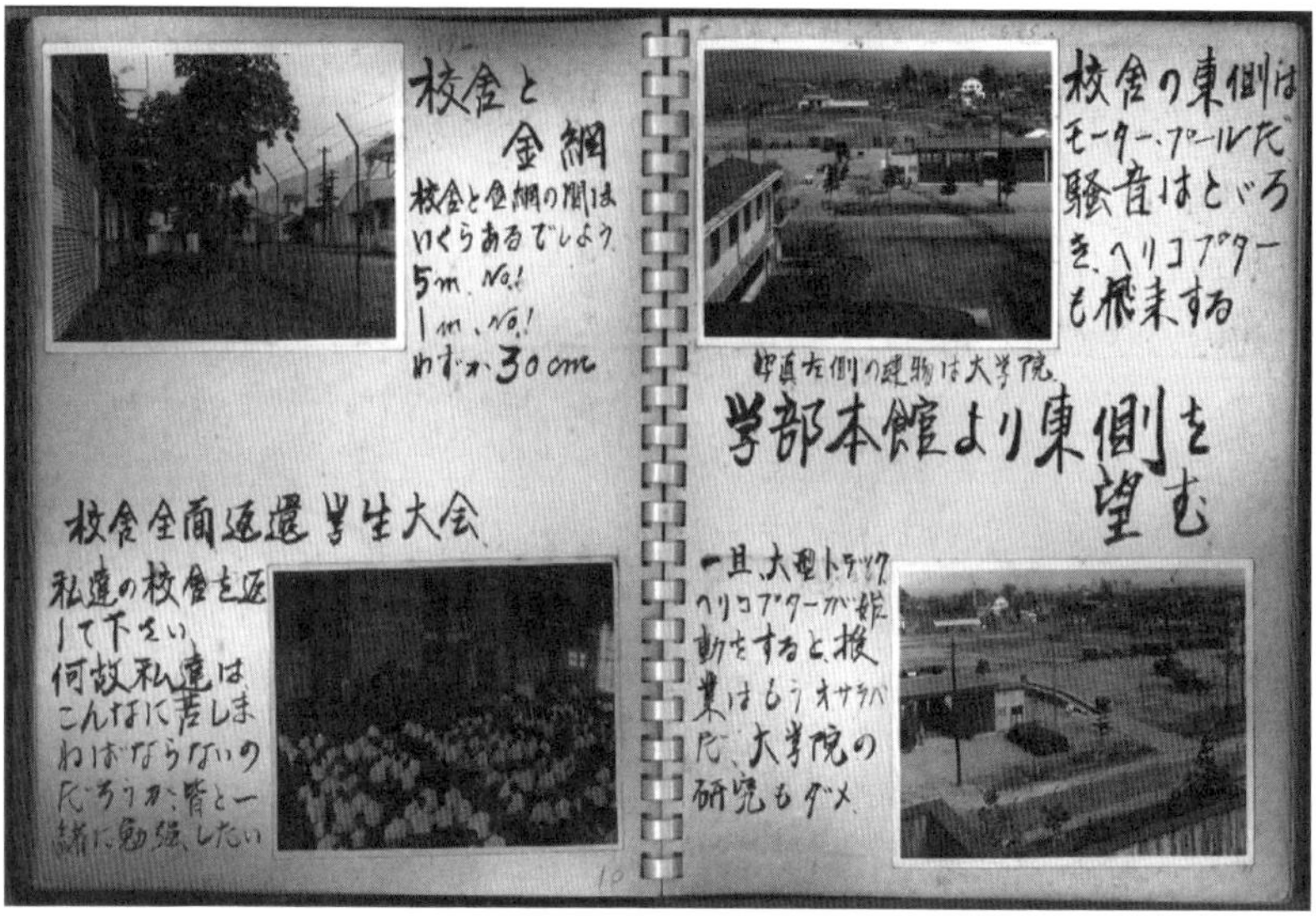

【写真５－１】杉本町校舎全面返還運動アルバム（大阪市大・大学史資料室所蔵）

大阪市大杉本町校舎全面返還運動の開始

大阪市大・大学史資料室には、海兵隊駐留下の大学を写した二冊のアルバムが所蔵されている（【写真5―1】）。「編集期間　昭和二十九年八月十七日より同年八月二十四日迄」「編集責任　大阪市立大学杉本町校舎全面返還推進教職員実行委員会　大阪市立大学杉本町校舎全面返還推進学生実行委員会」と記されたこのアルバムには、米軍基地に囲まれた大学の姿などが解説文と共に記録されている。安竹貴彦によれば、靭《うつぼ》校舎での返還運動に渉外部長として携わった葛野豊さんが写真をとり、後に述べる池田克彦さんが解説を書いたもので、請願などで上京した際に接収や分散校舎の状況を説明するために作成されたものだという[20]。

また、一九五四年九月一一日付『朝日新聞』泉州版には、大阪市大杉本町校舎全面返還運動を担った学生実行委員会の日誌が紹介されている。

　僕たちの学園は三分の二は接収されたままだし、米海兵隊の演習の号令やトラック、ヘリコプターの爆音などで講義はしばしば中断される。金アミのサク付近でのオンリー嬢とのかけ引きもめざましく彼女たちのために付近の下宿代がつり上げられて、新学期でも帰ってきても下宿のない友達だってある。

野球部のT君が嘆いていた。「せっかく月に三日間だけグラウンドを借りる約束が出来ていたのに沖縄から部隊が帰ってきたとかで、シーズンをひかえて練習場もなくなった」と。〝即日接収〟された図書館はゴチャ、ゴチャになって書物も大半が読めない始末。読書の秋というのに僕たちはどこで勉強すればいいのだろう。

大阪市大の前身である大阪商科大学の予科と高商部学舎は、一九四四年八月三日に日本海軍に引き渡されて大阪海兵団が開団し、翌年四月には学部の学舎の一部も提供されて校舎の半分以上が海兵団に占拠された。四五年に米軍が進駐してくると、一〇月七日に学舎の占拠が開始され、最終的にはその全部が接収された。大学は急遽、市内の国民学校校舎へと移転した。日本の敗戦後に誕生した新制大阪市立大学は、校舎が市内の各所に分散する「タコ足大学」として発足し、校舎問題は解決しなければならない最大の課題であった。五二年八月に校舎の一部の接収解除・返還が行われたが、それでも大学構内への出入口が一カ所しかなく、本館や図書館などへ行くには運動場を横断しなければならない。軍事施設からの喧騒で研究・授業などに支障を生じるなど、学生や教職員は様々な不便を強いられた（【写真5—2】）。また、「タコ足大学」は相変わらずで、大阪市大は杉本町校舎のほか、明治校舎（旧明治小学校）、靭校舎（旧靭小学校）、北野校舎（旧北野小学校）、扇町《おうぎまち》校舎（旧市立医大校舎）、西華校舎（市立女子専門学校）に分散していた[21]。

大阪市大・大学史資料室が所蔵する「校舎返還陳情資料」（発行年不明）は、当時の大阪市大の様子を次のよう

【写真５－２】キャンプ堺
（1956年の国土地理院航空写真を加工）

に伝えている。

大阪商科大学及び新学制による大阪市立大学、商・経・法文三学部は、大阪市内に散在する元小学校校舎で授業することになりました。然るにその後小学校の復旧や学生数の増加の為に、転々として校舎の移転を余儀なくされ、しかもこれ等の校舎は小学校としての施設である上に、戦災により全焼又は甚大な損壊を被って居ましたので、相当の復旧は加えられましても、図書館、研究室、教室、運動場、その他各般の設備に於ける不備不便は、到底大学として満足な教育を実施し得ない実状にあります。

朝鮮戦争が勃発すると杉本町校舎は陸軍病院となり、戦死した兵士の遺体をドライ・アイス詰にして本国に送還する中継地になっていた。朝鮮戦争休戦後の五四年の初頭には杉本校舎に置かれた軍病院は事実上閉鎖され、全面返還への希望がいっそう強くなっていった。そこへ海兵隊の移駐が発表される。海兵隊移駐によって全面返還の「希望」を奪われた学生と教職員は、杉本町校舎全面返還運動を開始して海兵隊の移駐に応える。

一九五四年六月二八日付『朝日新聞』大阪本社・夕刊は、「兵舎の中の大学　再燃した市大接収反対運動」「全

学あげ即時返還へ　米海兵隊の結集が火つけ役」と題し、同校舎は昨年二月に「朝鮮動乱の解決後、事情の許す限り速かに解除する」との覚書が交わされ、旧商大本館と図書館の返還が実現したが、建物の五〇％と敷地の三二％が返還されたにすぎなかったとし、「文科系の学生たちは教養コースの二カ年を大阪市内にある戦災で荒れはてた旧小学校で送った後、あとの二年間法、文、商、経の四学部専門コースを杉本町の旧商大本館で学んでいる。本校舎のほかはいずれも遠く離れたお粗末な小中学校校舎の仮住い。この点、旧商大時代の名残りをとどめる大学の風格によせる学生の〝あこがれ〟は想像以上に強い」と伝えている。

「オール大阪」で取り組まれた校舎返還運動

当時の大阪市立大学学長は、一九三三年の滝川事件で京都大学を去った筋金入りのリベラリスト恒藤恭《つねとうきょう》※だった。恒藤学長は日本政府や米軍への陳情・要望に奔走し、全面返還を訴える。五四年八月四日の参議院文部委員会に参考人として出席した恒藤学長は、次のように陳述している。[22]

　最近ようやく敷地の三分の一、建物の二分の一近くが一部返還されたが、教育上、研究上多大の支障をきたしている現状である。校舎の分散も甚しい。北の理工学部から南の杉本町まで、自動車でも一時間そこそこの距離がある。〔略〕

　二十七年〔一九五二年〕の二月、米軍から好意ある文書の返事があり、われわれとしても、病院としての用途がすめば返還してもらえるという希望と期待をもった。しかし突然、海兵隊がはいり教職員、学生の熱望を裏切って、その憤慨をかった。〔略〕現在の校舎は、米軍の金網にとり囲まれ、主権回復後二年の今日、いまなお占領をおもわせる状態にある。三商大戦のときにも、東京の学生がこんなにひどいとは思わなかったほどである。

※恒藤恭――一八八八〜一九六七年。法学博士。一九三三年に瀧川幸辰京都大学教授の著作が赤化思想だとして文部省が同教授の罷免を要求し、大学がこれを受け入れた滝川事件では辞表を提出し、最後までこれを撤回しなかった。大阪市大の前身の大阪商大専任講師になり、戦後は四九年から大阪市大学長に就任していた。また平和問題懇談会メンバーとして、戦後の平和運動などでも活躍した。

一九五三年六月二六日に杉本町校舎講堂で「校舎全面返還全学総決起大会」が開催され、大阪市大の学生は校舎ごとに実行委員会を結成していった。翌五四年七月五日には市内デモの後に中之島中央公会堂に千数百人の学生を集めて「杉本町校舎全面返還全学決起大会」を開催し、同月一〇日には再び市中デモを行った[23]。学生に続いて教職員の間でも返還運動が急速に拡大していく。五四年七月三日、各学部、経済研究所、事務職員より選出された実行委員会の会合を行い、「杉本町校舎全面返還促進実行委員会」が結成された。七月一〇日には全学大会が開催され、「われわれ全学教職員は、学生・同窓会並に市当局一体となり、世論の支持をえて、同校舎の速やかな全面返還のために、積極的な運動を開始し、目的を貫徹するまでは断じてやまぬことを決意するものである」と決議した。この大会には、学生代表や父兄数十人もオブザーバーとして参加した。また、委員長には恒藤恭学長が選ばれ、運動の体制が整えられた。返還運動のために促進実行委員会に実行部と事務部を置くことが決められ、実行部を五班に分けて政府や国会、在日米軍はじめ市会、同窓会、市民などに積極的に呼びかけるとした[24]。

大阪市大の校舎全面返還は、何も学生や教職員だけの問題ではなかった。敗戦後の復興にともなう市内人口の急激な増加に加えてベビーブーム期の児童が就学年齢に達すること、さらに六・三制の実施が中学校など新たな教育施設の必要を生み出し、大阪市も深刻な校舎難に悩んでいた。市内の小学校を校舎として利用していた大阪市大の返還は、大阪市にとっても急務な課題であった。一九五四年八月七日には大阪市長が市大学長と共に日米合同委員会、外務大臣などへ未返還施設の返還陳情書を提出するなど、大阪市としても活発な接収解除運動を進めていった。[25] 当時の大阪市長の中井光次※は、日本民主党や国民民主党に属した生粋の保守政治家であった。

※中井光次――一八九二～一九六八年。戦前・戦時中は内務官僚として各府県の内務部長や警察部長、島根県知事、大阪市助役などを歴任。戦後は第一〇代（一九四五～四六年）大阪市長を務めた後、五一年まで日本民主党と国民民主党の参議院議員として活動し、五一年から再び第一二代大阪市長の職に就いていた。

また、左右社会党、共産党ばかりではなく、各党・各会派も市大の接収解除で足並みをそろえた。一九五四年七月五日に中之島中央公会堂に千数百人の学生を集めて開催された「杉本町校舎全面返還全学決起大会」には、左派社会党をはじめ市会各会派議員が駆けつけて学生を激励している。また、数度に及ぶ大学や杉本町校舎全面返還促進実行委員会の陳情を受けて、衆議院文部委員会でも同年八月五日に「大阪市立大学校舎接収解除に関する決議」が全会一致で採択されている。[26]

今日の沖縄になぞらえるならば、まさに大阪市大全面返還運動は「オール大阪」で取り組まれたといえよう。大阪市大・大学史資料室には、当時、この返還運動を担った学生の回想録が所蔵されている。[27] 筆者の池田克彦さんは、一九五三年に大阪市大文学部に入学し、五八年に卒業した。文系の教養課程はこの当時、靭校舎で行われていたため、返還運動はここからはじまり、池田さんは靭実行委員会の委員長として運動の中心的役割を担った。[28] この回想録に目を通すと、「オール大阪」として取り組まれたこの運動の雰囲気が伝わってくる。

一九五三年、文学部に入学する。「さてわが市大のキャンパスはどんなだろうと期待に胸をはずませていたところ、これはマッタクオドロイタ！　エッ？　これが大学？」「入ったところは靭校舎、戦災の跡そのままのボロ校舎だ。頭にキチンとかぶった新しい角帽がまったくチグハグな感じだ」。

共産党員の新入生への「軍事基地反対闘争に積極的に参加せよ」というアジ演説に反発しながらも、杉本町校舎返還運動に参加することになる。大阪市立大学杉本町校舎全面返還促進学生実行委員会の靭実行委員会の委員長に就いた。

「早朝から自治会室でガリ切り、そして印刷、…でき上ったアジビラの配布、授業もなるべく受けて帰宅は連日十一時頃だった」「実行委員会の活動は日毎に活発化し、全学的に固い組織に成長し、多方面から注目されるようになった」。

杉本町校舎で開催された第一回の全学総決起大会では、議長を務めた。内灘の問題を中心とする基地反対闘争と共にやるべきだとする主張とただ単純に校舎返還だけにすべきだとする主張が対立したが、「我々は当然の事を主張しているのであり、この一点にしぼって政治的な色合いのものは排除し、誰でもが協力してくれるような運動にしなければならない。誤解を招くようなイデオロギーは除き、純粋に校舎返還という一点だけ絞り、全学の統一と団結を誓おう」という法学部実行委員の意見が場を制し、「全学の統一と団結で杉本町校舎を返還させよう！」「イデオロギー抜きで校舎返還一点に絞ろう！」というスローガンが採択された。

中之島中央公会堂前から難波高島屋前までの全学デモ。当日は「赤い色のものは一切使用しない」「旗は市大の校旗、各クラブ、サークルの旗、国際学連の旗など」「暴力的な行為は絶対さける」「警官との無用の接触はさける」などが申し合わされた。「フランスデモのような形でのデモで御堂筋を南下し、なんば駅前、高島屋辺りで流れ解散」。

「市大の返還運動は一般市民の関心を次第に高めていった。一般学生もあらゆる手段を活用し、全学一致団結して署名運動に取り組んだ。わが家の父親も会社に出入りの印刷屋に頼み何千枚か署名用紙を寄付してくれた。…大阪市内だけでなく日本全国各地からも寄せられた。市内のいたる所で署名とカンパを集め、夏休みのカンカン照りの道頓堀で身体の弱い家政学部の女子学生が倒れてしまったこともあった」。

キャンプ・サカイの司令官ロール大佐とも会見し、学生課長とキャンプに入った。学友たちはバケツを棒切れで打ち励ましてくれた。ここで「戦後十年近くにもなるのに一体いつまで接収しているのか、あやまった日本軍国主義を民主化しようとして来ているのに大学という学問を学び研究する神聖な殿堂を軍隊がいつまでも接収していることはどう考えたって間違っている。しかも米軍のゲートをくぐらなければ自分達の学校に入れないというのは日本広しと云えども我が校一校限りだ。…少なくとも他国軍隊のゲートをくぐらなくてもいいくらいのことはしてもらって最低だ」と訴えた。すると二、三カ月後にゲートが後方に下げられ、くぐらなくても学校に入れるようになっていた。ロール大佐にお礼をしようと思って連絡をしたが、本国へ帰ったあとだった。

大阪市大の全面返還

一年にわたる大阪あげての運動により、一九五五年七月五日、キャンプ堺の返還が米陸軍より大学に通告された。五五年七月六日付『読売新聞』大阪市内版は、学内の様子を次のように伝えている。

杉本町校舎の返還が決まった五日、大阪市大の構内は〝バンザイ〟に包まれた。接収下の十年、市内六カ所に散らばって授業を受けながら苦しい返還運動を続けた学生たちは、この日午後四時、杉本町講堂の「校舎返還学生大会」に集った。恒藤学長は長身、白髪の顔を喜びにかがやかせ約千名の学生に「長いあいだの全学の運動が実を結んでほんとうに嬉しい。感情に走らず、良識にしたがって行動した諸君に心から敬意を表する。まず扇町の理工学部、信濃橋の靭学舎、白髪橋の家政学部に分かれているジュニア・コース（千五百名）を杉本町一本にまとめ、来春から発足したい。それから各学部の建設にかかり、大阪市が誇るほんとうの総合大学を建設しよう」とあいさつ、九日午後一時から夜にかけて全学ファイヤーストームと「歌とおどりの会」で返還を祝う。

九日の「歌とおどりの会」は中之島公園グラウンドで開かれ、男女学生五〇〇人が参加した[29]。また、七月二一日の市議会文教委員会で中馬馨《ちゅうまかおる》助役は、「大阪にも教学地域を設定すべきだ。学問は東京でするという通念はすでに古い。大阪の文化のために市大を拡充強化、関西の学徒を大いに学ばせたい」として、大阪市大杉本校舎を中心にした総合大学街建設を発表した[30]。

杉本町校舎の返還式は、一九五五年九月一〇日午前一一時から同校舎で行われ、米軍を代表してキャンプ神戸技術部隊のコリンズ資材課長、政府から松本大阪調達局長、大阪市から中馬馨助役、大阪市大から恒藤学長が出席した。コリンズ資材課長は「この施設を正当な持主に返還することができてうれしい。近い将来にすべての接収施設を返還することをわれわれも望んでいる」とあいさつし、紅白のリボンをかけた返還書が中馬助役に手渡された[31]。

3　北富士演習場——入会権を武器にした農民運動

北富士闘争と農民運動

三方を低い山に囲まれている京都に暮らしていると、麓から仰ぎ見る三七七六ｍの独立峰・富士山は恐ろしさすら感じられる。山麓の人々の暮らしは、この富士山と共にあった。二〇一三年に「富士山—信仰の対象と芸術の源泉」の構成資産の一部として世界文化遺産に登録された「忍野八海」で知られる山梨県南都留郡《みなみつるぐん》忍野村《おしのむら》忍草《しばくさ》は、農民による「北富士闘争」がたたかわれた地でもある。「忍草区・入会・歴史資料館」として整備されつつある旧忍草区会事務所を訪ねた。この建物は北富士闘争の拠点でもあった。中には、海兵隊のジープやヘリコプターと正面から対峙する農民たちの生き生きした姿が映された写真が並んでいる。入口には、「北富士総合開発計画素図　昭和34年8月作成」と記された大きな地図が掲げられている。ここには、激しい北富士闘争の先に忍草の農民たちが見た夢が描かれていた。[32]

一九七〇年一一月五日の日付が付された、農民闘争を記した一編の詩がある。[33]この年の一〇月一九日、米軍からの要請を受けて日本政府は甲府地方裁判所に梨ヶ原にある忍草入会組合の座り込み小屋撤去の仮処分を申請した。ベトナムから沖縄に戻った海兵隊の一〇五㎜、一五五㎜榴弾砲の砲撃演習のためである。甲府地裁は二六日までに小屋を撤去するよう仮処分決定を出し、忍草母の会と忍草入会組合は小屋を自主撤去すると共に第二、第三の小屋を建設していった。このたたかいの中で詠まれたものである。

富士に星条旗は立てさせない

富士に雪がきた
稲刈りはすんだか
十一月六日は決戦の日

ボロを着て鎌をとれ
ゲリラになれ
阿修羅になれ
梨ヵ〔ママ―以下同〕原をかけめぐれ

一九七〇・一一・五　忍草母の会

一九六〇年六月一五日、反安保の国会デモに参加したことを契機にして、「忍草母の会」は誕生した。会長は渡辺喜美江さん（当時五一歳）、事務局長は天野美恵さん（当時三五歳）で、会員は四〇歳から八〇歳代で構成された。「忍草母の会憲法」は、次のように定められた[34]。

Ⅰ　絶対に権力に頭を下げないこと。警察に逮捕された時、口を割らないこと。代議士などにもらい下げを頼まないこと。

Ⅱ　お母さんが逮捕されても（たとえ、一年、二年と家に帰らなくても）、家族は泣かないこと。愚痴をこぼさない。

Ⅲ　かげで仲間同士の悪口をいわないこと。批判すべきことは、誠意をもって注意し合う。

一九六五年一〇月二日から七日に予定された沖縄の米陸軍砲兵第一大隊（二五〇名）のリトル・ジョン発射演習は、ミサイル発射台四基を持ち込み各基から八～一〇発を発射する予定だったが、住民と自治体が一体となった反対運動で一発だけの発射で中止になる。このときに忍草母の会は、着弾地への座り込みを実施した。忍草母の会が取り組んだ最初の「ゲリラ闘争」だった。渡辺喜美江さんと天野美恵さんは、このときの闘争を次のように振り返る。(35)

渡辺さん―私たちは母の会をつくって、このときが初めてのゲリラでした。女六人で忍草を出たのは夜中の二時、ゲリラですから、普通の道を通るわけにはゆきません。富士山の一合目あたりまで登って、そこから着弾地まではジャングルで、岩をよじ登り堀を渡って行くのですが、男の人が道案内をしてくれました。まだ真っ暗で、灯りもなく、小雨が降っていて、長時間歩いているうちに体中びっしょり濡れて、足がだんだん重くなって前に出なくなって弱りました。〔略〕朝六時にはのろしを上げることになっていましたので、一生懸命に歩いて、ようやく間に合ったわけです。

〔略〕

だれかが燃し木を取って積んであったので、それを燃やして、体を暖めたり、モンペを干したり、草を刈ってのろしを上げたりしているわけですが、のろしが上がったので米軍のヘリコプターが低空を旋回して偵察し、人間がいることを確かめていったようでした。しばらくするとジープが着弾地の周辺をパトロールして、今度は確かに人間がいることを見ていったわけです。これにもかかわらず、米軍連絡将校は、発射イエスのサインを送ったのです。

天野さん―落下地点には八畳ぐらいの大きな穴がえぐられ、まわりの大木が根こそぎ倒されていました。ところがもう一度びっくりしたのは渡辺節子さんがかぶっていたスゲ笠の頭が爆風でとばされ、ぽかっと大きな穴があいていたことでした。

この後、忍草母の会は、激しいながらもユーモアにあふれた闘争を繰り広げていく。ベトナム反戦運動や沖縄返還運動、三里塚闘争などと結び付きながら、このたたかいは戦後の社会運動に大きな影響を与えていった。

海兵隊駐留と基地被害

富士山の北麓に位置する北富士演習場は、山梨県の富士吉田市及び山中湖村に所在し、陸上自衛隊の管轄する総面積約四六〇〇haの演習場である。演習場に隣接して約六〇haの梨ヶ原廠舎地区があり、演習場の北東約二kmの忍野村にはこれらを管理する北富士駐屯地がある。北富士演習場に隣接して富士山の東麓の静岡県側には面積約八八〇〇haに及ぶ東富士演習場が、御殿場市、裾野《すその》市、小山町にまたがって所在する。この二つの演習場はいずれも日米地位協定第二条第四項(b)の規定に基づき自衛隊と米軍が共同使用する演習場であり、富士演習場と総称されて一体的に使用が可能な本州で随一の大演習場である(36)。

日本陸軍による北富士一帯の演習場の使用は明治時代に始まるが、一時的なものにとどまり、地元に大きな影響を与えることはなかった。日中戦争をはさむ一九三六年から三八年にかけて陸軍は、梨ヶ原、大和ヶ原の公民有地約一九八〇haを買収し、北富士演習場を開設した。日本の敗戦後に米軍に接収され、キャンプ・マックネアと称されるようになる。接収当初は米軍の演習はほとんど実施されなかったが、四七年ごろから実弾射撃等の演習が開始されるようになる。五〇年一月には約一万八〇〇〇haの調達命令が出され、後にキャンプ・マックネア

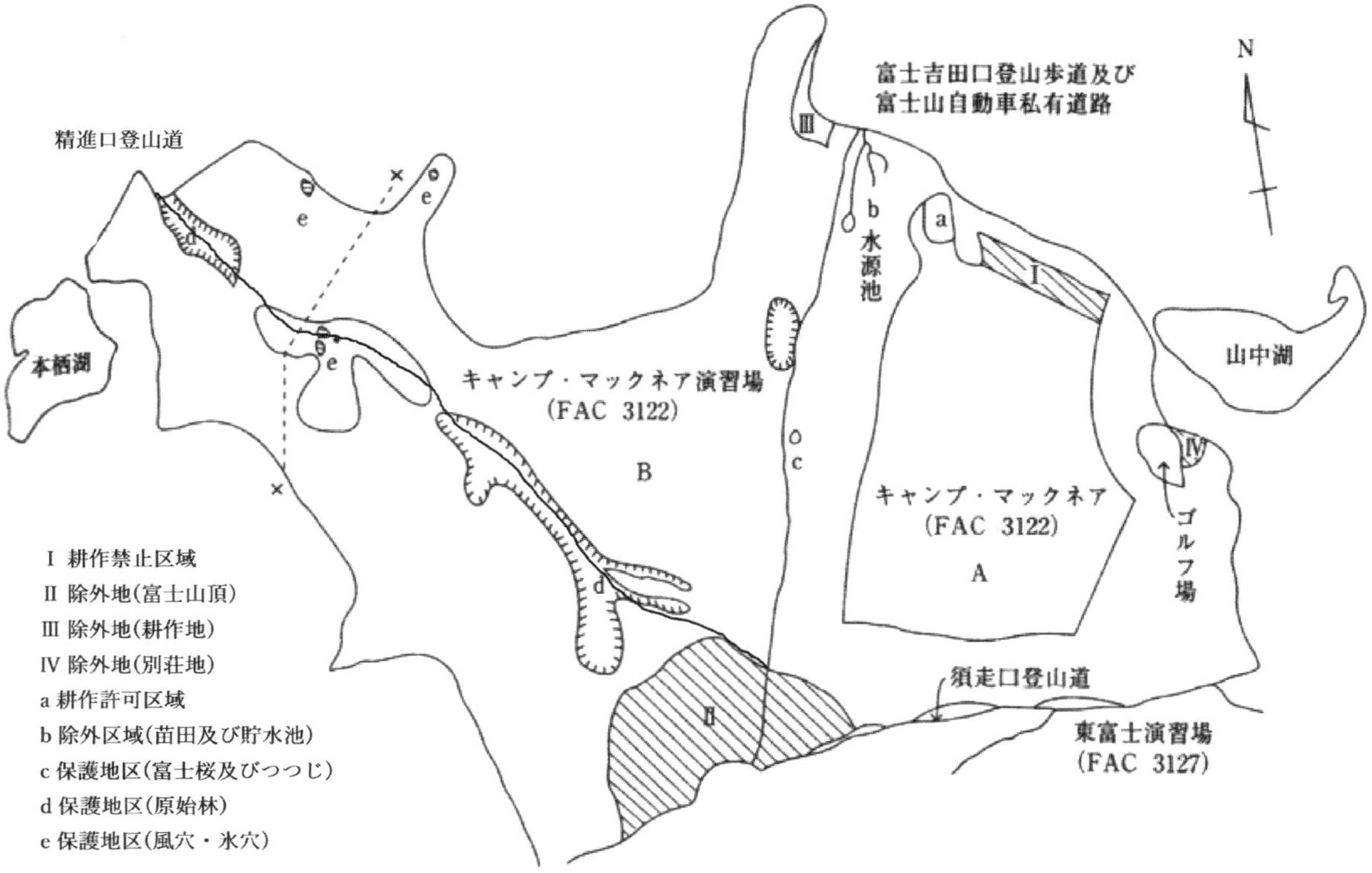

【図５－１】北富士演習場（「キャンプ・マックネア演習場（A・B両地区）使用条件・付図表」より作成）

演習場（B地区）と称された。さらに朝鮮戦争下の五一年四月には兵舎が新設され、砲兵部隊が交代で駐屯して演習を実施するなど、演習場の使用が激しくなった[37]（【図5―1】）。

朝鮮戦争下で激化する米軍演習の様子を、忍草母の会の渡辺喜美江さんは、次のように語っている[38]。

米軍が北富士演習場の使用を始めたのは占領直後からでした。そのとき、英文の調達命令書を持った役人が役場に来て、この土地もあの土地も米軍演習場になるのだと申し渡しました。それが何を意味するのか本当にわかったのは一九五〇年朝鮮戦争当時の夏からでした。それは今でも忘れることのできない悪夢です。何千というアメリカの大軍が突如として北富士演習場に現れ、兵舎を建て、実弾射撃を始めました。砲声いんいん、自走砲は演習場内を走りまわり、農業に必要な草は踏みつぶされ、立木は砲弾に射ち倒されました。百姓にとって堆肥の材料がなくなり、燃料がなくなるときは農業を止めろといわれるのと同じでした。富士山麓農民の悲劇はこのときに始まりました。思い出しても体が震えます。営農道を断たれた私たちは米軍とともに部落に押し寄せた売春婦に部屋を貸し部屋代を取りました。調達庁（防衛施設庁の前身）の役人たちはそのとき何と言ったでしょうか。〝よかったな、これで楽して金が取れる、あんたたちは働かなくてもいいだ〟と。それが日本の役所であり、日本の政府です。

朝鮮戦争の休戦後の一九五三年八月一四日、吉田渉外事務所は「近く梨ヶ原のキャンプ・マクネアに米軍第三海兵師団主力部隊が入り、広範囲に演習を行う」と発表し、山梨県広報渉外課長も「三十四連隊が立退いた後キャンプ・マクネアはあいたままだったが、近く約六千人の海兵隊が演習のため入ることに内定したものである」と公表した[39]。同月一七日にキャンプ・マックネアに第三海兵師団第一陣六〇〇名が到着し、演習を開始する[40]。

第三海兵連隊は、東富士の三カ所のキャンプと共に、忍野村のキャンプ梨ヶ原（南都留郡忍野村）に駐留した。
一九五三年九月四日付『山梨日日新聞』は、海兵隊が移駐してきた地域の姿を、次のように伝えている。

〔略〕第三海兵師団の米兵ら数千人が梨ガ原キャンプマクネアに入麓したため、この程立入禁止を解除された山中クラブをはじめ忍野、川口湖畔船津、勝山〔以上、二村は現在は富士河口湖町〕など富士吉田市をふくむ岳麓一帯は連日夕刻から外出する米兵達で賑わいビヤホール、特飲店、料理店、キャバレーなどは日本人の立入も自由に出来ないほどの盛況振りを見せている。これに伴って夜の女も御殿場をはじめ県外から続々岳麓へ入り込み業者達を喜ばせているが、あわてた吉田保健所では女の検診を山中へ出張して行うやら、性病予防にテンヤワンヤとなっているが、受検率は悪く早くも対策に頭をいためている。

海兵隊の移駐は地元に様々な被害を強いた。海兵隊移駐から一カ月後の一九五三年九月一七日の午後三時ごろ、富士吉田登山口で米軍ブルドーザーが水道管を破壊し、富士吉田市上吉田一帯一三〇〇戸が断水する。[41]翌月には富士吉田登山口東側に米軍が無断で演習用道路を建設しているのが発見され、山梨県広報渉外課は現地調査を踏まえて同月二七日にキャンプ富士司令官ロス大佐と海兵隊司令官ベパー少佐に抗議した。ここで山梨県側は、①現地と十分な事前了解を取らずに軍用道路を建設し、雪代の通る二つの沢が塞がれて解氷時に災害を引き起こす恐れがあり、道路の両側にある私有林に相当な損害を与える、②九月七日と八日に導水管を破壊し、水源地上方三〇〇ｍの富士吉田市植林地帯から実弾射撃を行った結果、幼令林三〇町歩（約二九・八ha）がほとんど荒廃した、と訴えた。[42]
翌年に入ってからも米軍の無法な行動は続いた。五月には富士吉田口登山道東側中ノ茶屋付近に数台の米軍トラックが乗り入れ、テントを張っていることが判明する。富士吉田市の調査で、有林と恩賜林境の約七〇坪（約二三一㎡）を勝手に伐採し、一部のカラ松がトラックになぎ倒されていることが判明した。(43) 六月には米軍が再び、富士吉田登山道東側へ延長三㎞に及ぶ軍用道路を建設していることが明らかになった。このために、カラマツ幼樹林が掘り返された。(44) この月の下旬には、富士豊茂開拓地の予定地域外一・五㎞にまで入り込み実弾演習を実施したために、炭焼きや草刈りができなくなったとして、山梨県西八代郡上九一色村《かみくいしきむら》（現在は甲府市・富士河口湖町）逢坂木炭組合が米軍に抗議している。(45) 富士吉田市では演習場から汚染水が水源に流入したために、六七〇〇万円をかけて水源地を新たに求めなければならなかった。(46)

最も大きな被害を強いられたのは、演習地に農地を奪われていった農民たちだった。梨ヶ原開拓団六八戸は、一九五〇年からの演習地の拡張で耕作面積一八七haが奪われ、生活を破壊されていく。開拓者への生活つなぎ資金として二五〇〇万円が融資されたが、組合員で分配すると一戸あたりわずか三万円にしかならず、生活に困窮した。さらに共同水道の用水電力代金が払えずに送電を止められたために、五三年一〇月二七日から飲料水がなくなり、四四戸・一四六名の開拓農民は雨水や三㎞離れた山中集落まで水をもらいに出かけてその場をしのいだ。(47) 五三年一月に高知市で開催された日本教職員組合主催の第二回全国教育研究大会で発表された報告では、梨ヶ原開拓農民の状況を次のように伝えている。(48)

「演習地にさえならなければ、県下一の開拓地になっただろうに、五月下旬視察に来た農林省の課長は、これは開拓地ぢゃ〔ママ〕ない、原野だ、といったそうだが」、梨ヵ原開拓団の一長老は、こう語った。「この組合では、一戸当り一町八反歩〔一・八ヘクタール〕開墾しなければ退団させるというので、みんな一生懸命にやった。ところが、一昨年から演習地による開墾地荒しがひどくなり、特に、昨年の立入り禁止で、あらゆる作物の種まき適期はのがし、致命的な打撃を受けた。禁止がとけても、どんどん荒されるのではないかと思えば、身を入れた仕事が出来ない。モロコシの芽がちょっと伸かかり始めた所を、ブルドーザーが一気に、こそげて平にしてしまう。種まきした畑に塹壕を掘られる…。未経験者には分からない気持ちだ。もしも放置して、こんな多年性の雑草が生えてしまえば、根たやすには三年もかかってしまう。他に転身ですって？組合の中に補償金を出来るだけもらって、この開拓地に見切りをつけようとの空気もないではない。しかし六ヵ年がかりでやっと自信がつき始めたというのに、今またどこへ行けというのだ。私たちはここを墳墓の地ときめ、一昨年共同墓地まで作った」

一九五三年二月一六日の閣議で梨ヶ原開拓地の買い取りが決定され、翌年から農民たちは、「みんな一生懸命」に開拓した農地を離れていった。(49)

北富士闘争の開始

海兵隊駐留下の北富士演習場に隣接する中学校に通う中学生の作文がある。(50)

船津村組合立河口湖南中学校三年　大石太和（一五歳）

「砲声のない村へ」

岳麓一帯にひびきわたる砲声。これを耳にして岳麓の人はどんな思いであろうか。この湖南中は富士山麓一帯にひろがるあのばく大なる木、恩賜林によって建てられた学校であり、それによって学校を運営して行くのであるから、その木を守るということはいわば学校を守るということになるのだ。〔略〕戦争の音がきこえてこない静かな町や村にしてもらいたいものだと感じている。

海兵隊の移駐は、地域に大きな変化をもたらす。一九五四年五月二九日付『山梨時事新聞』は、「岳麓に高まる基地反対」と題する記事で次のように伝えている。

山林被害、補償問題、暴行事件、汚染水流入問題など相次ぐ基地をめぐる紛糾から、従来駐留軍に協力的な態度に終始した富士山麓市町村の間に、最近基地反対の空気が急速に高まり、とくに上下水道汚染で刺激された富士吉田市上吉田地区連合会は、市当局の態度を軟弱として、今後厳重な交渉を市当局、議会に要請し激励する一方、場合によっては市民大会を開く準備を進めている。

この記事にあるように、当初は海兵隊の移駐を周辺の市町村は歓迎すらしていた。朝鮮戦争休戦後には北富士演習場に駐留部隊がいなくなったため、米兵を相手としていた南都留郡中野村山中集落や忍野村忍草集落は火の消えたような静けさになっており、村長や村議会議長、業者の代表は現地軍司令官に米軍の常駐を陳情していた[51]。さらに、一九五三年七月四日、中野村のビヤホールで演習に来ていた第二四歩兵師団第三四連隊の米兵数十名が乱闘をはじめ、四名の米兵が重傷を負う事件を受けて、米軍はオフリミットを実施していた[52]。海兵隊の駐留情報を受けた周辺市町村はオフリミットの解除運動に動き、これに成功している。中野村村長は「山中部落の経済は九〇％まで駐留軍に依存しており常駐が望ましい。夜の女も地元婦女子の危害を除く点から無くてはならぬもので風紀その他についてはもう心配はない。保安隊の誘致が良くて駐留軍の誘致は悪いということはあるまい」、富士吉田市長は「米兵の娯楽場や住宅建設には極力応援する。風紀または演習被害については解決方法はあることで、いまの政治的、経済的立場から基地反対などを考えられない」と述べている。(53) しかし、海兵隊の駐留による基地被害の拡大は、周辺地域の態度を一転させる。その端緒となったのは「登山バス運行問題」だった。

一九五四年二月二一日付で横浜調達局は、同月二六日午前零時から船津口登山道定期バスの運行を禁止する通達を発する。運輸省は富士山麓鉄道に船津口登山口から富士山五合目までの登山バスの運行を許可していたが、道路の一部が演習場にかかっていることから米軍が調達庁に抗議し、外務、農林、厚生、調達庁など各関係省庁で審議した結果、政府は米軍の抗議を妥当とみて横浜調達局を通して正式にバス運行禁止を通告する。このバス路線は、河口湖駅から標高一八〇〇mにある五合目の小御嶽神社《こみたけじんじゃ》前までの二〇・一四㎞で、〝雲海バス〟と呼ばれていた。ここは元々、船津村が林業と観光のために開発したもので、戦前に同村が乗合自動車を計画し、主務省の審議中に終戦となっていた。戦後、山麓鉄道は五合目スキー場、お中道《ちゅうどう》めぐりなど観光開発を進めてきた。五二年一二月に運輸省から正式にバス運行の許可を受けた五合目までの定期バスは、この年からようやく本格的な運航に入り、夏には一二万人余りの登山客を運んでいた。(54)

富士山麓鉄道側は運行禁止に反発し、二月二六日からの禁止通告を無視して登山バスの運行を強行する。(55) 九月三日、横浜調達局は吉田調達事務所を通じて「四日朝八時を期し一般の立入禁止の立札を設ける」と再通告を行い、これによって山麓鉄道はバスの運行停止に追い込まれる。この日、麓鉄では午前八時発定期バスが河口湖駅から発車したが、船津胎内付近の登山道両側に横浜調達局の立入禁止札が立てられたために引き返し、運行を停止することになった。バスには外国人客二名を含む二〇名が乗車していたが、演習場入口で立ち往生した。また地元川口湖畔の観光業者たち数十名が、バスやトラックで現場に押しかけて、一時大混乱になった。(56)

翌五日、川口湖畔八カ村の約四〇人が集まって代表者会議を開き、六日に代表者約四〇人を上京させ、米軍司令部、日米合同委員会、関係各省庁に一般人の立入禁止を解除するよう陳情する。[57] 富士五湖観光協会会長で富士山麓鉄道社長、衆議院議員を務めていた堀内一雄は、「船津口登山道問題は〔略〕日本観光の問題であり、直接に山梨観光行政上の重大問題である」と訴えた。[58]

雲海バス運行再開の見通しが立たない中、一九五五年三月九日の日米合同委員会でキャンプ富士司令官のローランド・W・エングルブライト中佐が、船津、小立、勝山、鳴沢（以上、四村は現在は富士河口湖町）の四カ村にまたがるB地区に着弾地域を新設したいと米軍側の意向を明らかにした。これまでは被弾地区としてA地区が常時着弾演習に使われ、B地区は付属的な演習場とされていた。[59]

B地区が被弾地域に設定されると、砲弾は船津口、吉田口の両富士山登山道を越えて飛ぶことになる。地元では、河口湖観光協会会長が「春のシーズンに雲海バス運行解除を期待していたが、これでまったく望みはなくなった。国立公園が演習場化した問題をこのさい真剣に考えなければならない」、富士吉田市長は「現在でも大きな被害を蒙っているのにインパクテリア〔着弾地域〕の増設は重大な問題だ。演習場の補償、農林業ほか雪代災害防止、地元民の生業にさしつかえをきたさないようにするなら考慮の余地もあろうが、それはできない相談だ」と反発を強めていく。[60]

地元出身代議士、富士吉田市など地元市村、富士吉田恩賜林組合、富士山麓鉄道など代表三〇名は、三月一二日に対策会議を開催し、「①富士山麓十一市町村全体に呼びかけて各市町村とも緊急会議を開き、着弾地区拡大反対の決議をする。②今後強力な運動を行うため富士吉田市を中心に十一ヵ市町村で反対同盟を結成する。③各団体や市町村住民によびかけ事態の重大性を認識させ全住民一体の運動にする。④手ぬるい県をべん達し全県民の反対運動に盛り上げる」、が決定される。[61] 富士吉田市労連（富士吉田市労働組合連合会）も三月一一日午後五時から緊急役員会を開き、演習地域拡大反対を決議した。翌一二日には富士山麓電鉄労組が中央闘争委員会を開いて演習地の拡大反対を決議し、ビラの作成、知事と現地軍司令官宛に抗議文の提出を決めた。[62]三月一九日の富士山麓電鉄労組執行委員会では反対運動の方針が決定され、二〇日午前九時から午後四時まで富士吉田、下吉田、大月の三駅で「富士山を米軍の砲弾から守ろう」と反対署名運動を開始した。[63]左派社会党山梨県連執行委員会も三月一三日に二五名の執行委員が集まり絶対反対を確認し、県連内に闘争委員会を設置することなどを決めた。[64]

山梨県当局は当初、吉田健知事室長が「想像上の話だ」として米軍演習を問題とせず、地元市町村などから「弱腰だ」と非難されていた。しかし三月一八日、東京麻布《あざぶ》の米軍中央管区司令部を訪ねた山梨県広報渉外課長に、同司令部参謀が「米軍は富士山ろく全部の演習地に対し全面使用する準備を進めている」と伝え、県ではあわてて一九日に緊急部長会を開いて対策を協議し、一九五三年一〇月一八日に日米間で協定された使用条件の「被弾地区を新たに設ける場合などは前もって日米両者で協議」するという項目をタテに絶対反対を決定する。[65]

山梨県や各市町村、労組や政党の動きは、「富士演習場（B地区）返還期成同盟」の結成へと集約されていく。河口湖畔の船津など七カ村と西八代郡上九一色村などの村当局と議会、各団体代表が三月二六日に「北富士演習場（B地区）返還期成同盟」を結成し、実行委員に各村長、議長、各種団体長、環境協会、恩賜林組合から二三名を選出した。[66]翌二七日には結成大会が富士吉田市公民館で開催され、天野久山梨県知事、吉田健知事室長、地元県議、各市町村長、河口湖畔船津村など八カ村からの住民約二三〇〇名が集まり、「米軍は被弾地の拡張計画を企図しているが、これが実現されれば観光資源や植林計画がくつがえされ、県政はもちろん、地元住民の危険と生活権を侵害される。全県民の福祉と安ねいのため演習場解除を要請し、あらゆる手段を講じる」と大会決議を採択した。[67]

五月に入ると、激しい米軍演習阻止闘争へと運動は発展していく。五月二日、キャンプ富士司令官は、山梨県に「B地区からA地区に砲弾を撃ち込ませてもらいたい」と申し入れ、六日には「実弾演習は、九日から一四日まで実施される」という最後通告が県広報渉外課に伝えられた。米軍演習地域は本栖湖畔上九一色村に砲兵一個中隊、歩兵一個中隊を駐屯させ、同地区内に一五五㎜・八インチの屈射砲と四・五インチのロケット砲を三門据え、A地区に向かって発砲するほか、長尾山精進口一帯に歩兵一個大隊が駐屯し砲兵の援護射撃と共に同地区一帯で実弾演習をするというもので、砲座付近の半径一〇〇〇ヤード（約九一四メートル）は演習中の立ち入りが禁止されるとした(68)。

演習が開始される五月九日午前一〇時半から富士吉田市など一市九村は河口湖畔の南都留郡船津村の湖南中学校で「演習場のB地区返還住民総決起大会」を開催し、二〇〇〇名の住民が参加した。この集会では、「射撃演習は使用協定に違反する。これが実施されるなら地区内の観光資源は破壊され、植林計画は根本的に覆され、地元民は生命の危機にさらされ生活権を侵害される。本大会はこの地区内における実弾射撃は即時中止するとともに、今後このような企画は絶対しないように要請し、この目的達成のためのあらゆる手段を講ずる」と決議された。集会後には五〇〇名がバスで砲座に向かい、警備の警察官と小競《こぜ》り合いをした後に砲座付近までデモ隊が流れ込んだ(69)。

翌日以降も、射撃反対総決起大会を開いた後、山梨県労連（山梨県労働組合連合）、富士吉田市労連、女性や老人をまじえた船津村村民約五〇〇名がトラック、バスに分乗して砲座のある精進登山口に到着し、赤旗を先頭に「B地区射撃演習場絶対反対」「演習基地を全部返せ」「富士山を守れ」などのノボリを立てて立入禁止ラインを突破し、制止する約一二〇名の警察官と小競り合いしながら砲座へのデモをはじめ、砲座を見下ろす丘の上で気勢をあげるなど、激しい演習阻止闘争が繰り広げられる(70)。一三日には、デモ隊三五〇名と警官隊三〇〇名が衝突し、乱闘となってデモ隊に負傷者四人を出した(71)。

農民運動と入会権

しかし、労働者や農民、住民が激しい闘争をたたかっている最中、山梨県や市町村当局などの保守系の政治家は運動に背を向けはじめる。一九五五年五月一一日付『山梨時事新聞』は、「B地区返還要求を県民運動としてとり上げ『身命を賭しても』と大見得をきった県が射撃開始通告を受けるや『今後の交渉に反対デモの先頭に立つことはまずい』と急に尻込みをはじめ、中枢部から脱落したことで『アナーキーな運動に転嫁することがあれば県の責任だ』と強く地元民から批判されている」と伝えている。B地区への被弾地の拡大を行わない、B地区内の道路を開放するなどの米軍側の譲歩案を受け、天野知事や富士吉田市長、船津村村長などが運動から手を引いていく。また富士山麓電鉄社長の堀内一雄衆議院議員は、地元の説得工作に奔走する。[72] 一四日の山梨県に続いて、B地区返還期成同盟常任委でも一五日に関係一市九カ村代表が「不満足ながら承認する」と、この米軍譲歩案を受け入れていった。[73] 五五年五月一八日付『朝日新聞』山梨版に掲載された「北富士演習場現地記者座談会㊦」で記者たちは、「なぜ知事、市町村長など行政機構の長がこんどの運動から遠ざかろうとしたかについて、反対運動の主導権が共産党にとられたことを挙げている関係者がいる。共産党のお先棒を長たるものが担いでよいのか、という批判をおそれているというのだが」「知事の保守的立場をはっきりしたものだろうね。知事は本質的にデモ隊は性に合わないらしい」と解説している。

しかし、このような「ボス交」で北富士闘争は終わるはずはなかったし、実際に終わらなかった。一九五五年五月一一日付『山梨時事新聞』は、「砲弾下の北富士を行く」と題する桑原記者の署名記事を載せている。

高校生や中学生たちが教室の黒板に「演習場絶対反対」と書いて、デモに行った父や母のことを語っている。「ヤンキーゴーホーム」と、いままできき慣れなかった声も出て「あくまでB地区の返還」をと、真面目に議論する子供たちの姿に「真実の声を訴えたい。だが教壇に立つ私たちは聞くよりほかはないのだからわびしい立場」と砲弾下の湖南中学校某教官は嘆いている。

「身命を賭しても」と大見得をきった県も尻ごみして来た。「常に先頭に立ち」と強いことを言っていた有力者たちもだんだん声をひそめて来た。調整という協定文の字句解釈はどうあれ、地元の人々には、欺されたとみる気持も燃えたち「結局おれたちがやらなければ俺たちの実力で砲座を押し出す以外に手はないのだ」とする自覚が高まり、九日から連日繰り出すデモに実弾射撃反対運動は基地返還運動へと急速に根深く拡がっている。

足和田村大嵐部落の場合、昨年はモロコシは不作、養鶏はすっかり駄目だったので、鳴沢恩賜林組合の森林下刈りや植林に出た現金収入で助かったが、これに依存した戸数は全戸八十余戸のうち、三十五戸を数えているだけに、実弾射撃や演習で立入り禁止は常々考えられたが、今後どうなるのかと気に病んでいる。

登山バスが止められ、お中道ハイク登山ができなくなり、二合目スキー場も使えなくなったための損害はすでに二億円だというが、この船津登山道の入口にある船津村の場合、富士五湖中心地だけに「弾道下にある観光地ということになったら事実上、危険はないにしても、お客の足はだんだん遠のいていくだろう」と成行におののき「富士山の裾野を演習場に貸してしまうとは県も随分バカげたことをしてしまったものだ。このさい是が非でもB地区だけは静かな環境におきたいのでどんなことをしても返してもらうつもりだ」といきまいている。〔略〕

五月一四日、山梨県労連のほか富士吉田市労連や村民代表十余名が参加して緊急対策委員会を開き、現地における闘争をより効果的に行うには地元民と県労連が完全に一体となるべきであるという結論に達し、県労連を中心に富士吉田市労連、地元村民の三者による懇談会を開いて闘争態勢の強化と組織化を図ることを決定した。同日、船津村役場でも船津村実行委員会が四〇名の参加で開催され、県の妥協案について協議した結果、この妥協案を不満としてあくまで全村をあげてB地区返還までたたかうことを決議した。船津村当局も県の妥協案と今後の運動方針について討議したが、参会者一同の不満が爆発してB地区返還以外に船津村はいかなる妥協にも応じないとの強硬意見を表明し、村長に対し積極的に運動の先頭に立つよう申し入れた。(74)

六月二〇日から開始された第六次実弾砲撃演習では、第二次演習から運動を止めていた山梨県労連が運動を再開し、また忍草農民は一九日にキャンプ・マックネアに押しかけて入会権返還を要求するとともに、A地区の着弾地への座り込みを行うことを決定した。(75) 二〇日、「A地区の接収は不法行為だ。米軍の使用権は無効だ」とノボリを立てた忍野村忍草農民約二〇〇名が麦わら帽子に白ハチマキ、みの笠、鉈《なた》や鎌を腰にさげて背中にムシロ旗の草刈姿であらわれた。先頭で乗馬する渡辺保さん（五一歳）らが強行突破をはかった。一九名が演習場内に突入し、着弾地付近でのろしをあげた。(76) このため、米軍の射撃は不可能となり、十数発を発射しただけにとどまった。(77) この着弾地への座り込みという命がけのたたかいは、翌日に警察の説得に応じて撤収するまで続いた。(78)

演習場に突入し、着弾地に座り込んだ一九人のうちのひとりである渡辺正春さんは、次のように当時を回想している。(79)

あのときは忍草農民が産声をあげたたたかいだった。わたしも今はこの古老だが当時は水もしたたる壮年だった。

十重、二十重の厳重な米軍のバリケードの正面へ村中が押し寄せて座り込んだわけだが、わたしは、いつこのバリケードの正面が開くのかうかがっているわけだ。それはだれにもわからない。すると、開いたわけだ。その拍子にわたしの乗っていた馬が入ったわけだ。開かなければ馬は入れないからな。その馬は性格が至極おとなしい馬だったのでゆうゆうと歩いていくわけだ。わたしのような性格だったらひとっぱらいに走ったかもしれないが。その左右からカービン銃をかまえて、ねらっている。こっちが歩いて行けば銃をかかえたまま後ろからついて来る。内心ではいつぶっ放すかと思っていた。そのときは四十七士の討ち入りの覚悟で行ったが十九人が入ったところで門を閉められてしまった。その中には女三人が入っていた。

忍草農民闘争の開始である。農民たちが武器にしたものは入会権であった。入会権は、江戸時代には認められていた生活共同体の権利、農民的権利である。北富士山麓でも、江戸時代を通じてわずかばかりの寺社有林、幕府の直轄林を除けば、他の山林原野はすべて「だれのものでもない土地」―すなわち村人が共有して利用できる入会地であった。人々は山に自由に入り、暖房用の薪、馬に与えるまぐさ、肥料となった草、屋根の葺きかえのための茅《かや》、建築用材、薬草、山菜、茸、木の実まで、生活必需品から換金できるものまで自由に採取、育成してきた。しかし、明治政府が国の財政の基礎を確立するための明治初年―一八六八年の地租改正に伴う官民所有区分の政策で、官有地として入会地が奪われる。北富士でも八一年にこの入会山は官有地に編入され、入会も差し止められた。その取締りも厳重になり、地元住民は放火や盗伐をもってこれに抗した。一九三六年に日本陸軍演習場が開設すると、陸軍は演習に支障のない限り地元民の立ち入りによる下草採取と廃弾・馬糞などの拾得を認め、戦争中には食糧増産のため耕作も一部で承認された。日本の敗戦後にアメリカ軍が旧陸軍演習地（A地区）を接収し、朝鮮戦争勃発直前の五〇年二月には旧演習場だけではなく、精進本栖湖・本栖湖辺まで含む富士山麓が接収された。朝鮮戦争が勃発するとアメリカ軍はキャンプ・マックネア（旧陸軍梨ヶ原廠舎）の施設を拡大し、演習地を立ち入り禁止として農民を締め出していった。(80)

入会権を武器にした農民たちのたたかいは、日米両政府を追いつめていく。一九五六年三月にキャンプ・マックネアの米海兵隊は沖縄へ移駐し、一九五八年にはB地区の大部分一万九〇八haとA地区の一部、山中湖揚水施設が返還され、これによって米軍演習場は六四九七haになった。東富士演習場でも、五七年一〇月一二日、板妻のミドルキャンプから九五〇名、滝ヶ原のノースキャンプから一五〇〇名、駒門のサウスキャンプから一五〇〇名の海兵隊員が沖縄に向かって移動していった。北富士演習場は五八年に日本側に返還され、続いて東富士演習場も六八年にほとんどが返還される。しかし、米軍は自衛隊に置き換えられ、東富士演習場のキャンプ富士地区は海兵隊の管理部隊が駐留を続けた。さらに、日米両国の間で「毎年、最大二五〇日間、〔米軍が演習場の〕優先的使用権を持つ」という密約が交わされた。この下で海兵隊は、現在まで富士演習場での演習を繰り返している。[81]

4　海兵隊の「本土」撤退

海兵隊の撤退

「灯の消えた大久保キャンプ　〝閉鎖〟のウワサも　見切りをつけた商店街」と題する一九五五年一一月二七日付『京都新聞』は、「この春まで一五〇〇人近くいた兵隊が相次いで引揚げ、いまでは五、六十人足らず、まるで潮を引くように町は静かになった」とキャンプ大久保周辺地域の変化を、次のように伝えている。

奈良電大久保駅に近いキャンプ正面に三軒の店屋が並んでいる。バーとクリーニング屋と洋服屋だ。建ってまだほんの一、二年ということだが表戸がおり、その戸が車の砂ボコリをかむってうす汚い。キャンプをのぞくと、広々とした中に私服の兵隊が一人番犬を連れて散歩…。ＳＰに現状をたずねたら「兵隊は一むねにいるだけで、ひっそりしたもんですよ」と、ひょうし抜けのような返事。どうやら行末オノレの身が心配らしい顔つき。

兵隊がグンと減って真っ先に五軒のバーがネをあげた。それこそバタバタと店じまい。気の早いところはあっさり見切りをつけて早やタタミ屋、カメラ屋とノレン替え。ビールびんを持った妖えんなヌード看板も路地のすみにひっくりかえり、せっかくのウィーク・ポイントが哀れ（?）泥だらけだ。…朝鮮事変前後の最盛時、三百五十人近くいたという夜の女も、散りに散っていまではオンリー達が二、三十人足らず、ひなびた農家のもと牛小屋や納屋だったところにわびしく住んでいる。ひところタバコをくわえ〝ヘイ・ユー・カムオン・ジョー〟と意気のいい声をあげた元気も何処へやら。つい先刻、彼女らの「あねご」株だった四十すぎの女もしこたま持って舞鶴へ立去り、飲食屋のおかみさんにおさまっているという話だ。

一九五四年四月一日、アメリカ統合参謀本部（JCS：Joint Chiefs of Staff）は、極東軍再編案をウィルソン国防長官に提出し、極東に現存する陸海空軍の一部撤退・配置転換に加えて、五五年七月から九月の間に海兵隊一個師団を本国に引き上げることを提案した。残る海兵隊一個師団の配備先は決められていなかったが、ハル極東軍司令官は沖縄を主張し、その中で「日本の米軍基地は、日本側に返還するよう常に政治的圧力をかけられており、日本で新たなもしくは良い訓練施設を得ることができるかどうか疑問だ」と指摘した。インドシナ独立運動の前進、第一次台湾危機というアジア情勢が緊迫化する中で、五四年八月一二日、ウィルソン国防長官は第三海兵師団の沖縄移転を決定する。[82] 第三海兵師団司令部は五六年にキャンプ岐阜からキャンプ・コートニーに、第三海兵連隊は五七年にキャンプ富士からキャンプ瑞慶覧《ずけらん》（キャンプ・フォースター）に、第四海兵連隊は五五年にキャンプ奈良からハワイのキャンプ・カネオ―南ベトナムを経てキャンプ・ハンセンに、第九海兵連隊は五五年にキャンプ堺からキャンプ・ナプンジャ（キャンプ・ヘーグ─第六章参照）へ順次、移駐していった。また第一海兵航空団司令部も、七六年に岩国基地からキャンプ瑞慶覧へと移駐していく[83]。

海兵隊移駐後、岩国基地、厚木基地、横須賀基地は米軍基地として維持され、岩国基地には海兵隊が現在まで駐留し続けている。またキャンプ大久保は自衛隊へと引き継がれていった。キャンプ・マクギル（約一四三・六ha）とキャンプ・マクギル小銃射撃場（B射）（約一〇・六ha）は一九五八年九月に返還され[84]、実験原子炉と濃縮ウラン設備の設置のため原子力研究所の候補地ともなったが、結局はそのほとんどが陸上自衛隊武山駐屯地として引き継がれていった。

第三海兵師団司令部が置かれたキャンプ岐阜では、一九五五年六月一〇日に防衛庁長官から第三海兵師団第一混成団が撤退するとの発表を皮切りに、順次、海兵隊は沖縄へ移駐していく。次いで陸軍部隊もキャンプ岐阜から撤退していった。海兵隊の沖縄移駐直前の六月二二日午後二時過ぎ、岐阜の全市内に突然、異様な爆発音がとどろき、稲葉郡那加町では、民家の窓ガラスが割れるなどの被害が出た。キャンプ岐阜の砲弾火薬の処理によるものだった[85]。キャンプ岐阜は、五七年六月一日に日本側へ全面返還となる。かつて旧日本陸軍が砲兵演習場を設置するための測量が実施されると、接収対象となった村々から「若御不日に相成候節は村々元持主へ御払」ことが要望され、これはその場で認められた。しかし、この要望は、実現することはなかった。キャンプ岐阜は、すでに五六年二月から駐留を開始した航空自衛隊へと引き継がれていった[86]。

キャンプ信太山も一九五四年に日米合同委員会で演習場の一部返還が合意され、五四年六月三〇日付けで信太村や関係町村へ通知された。これによって、演習場の一部の接収が解除され、五七年には全域が日本に返還されたが、米軍に代わって自衛隊が駐屯を開始した[87]。

大津市では、一九五七年に入ると基地の跡地利用問題が起こる。八月一九日にはキャンプを翌年一月に返還する旨が表明されると、跡地をめぐる争奪戦は猛烈を極めた。政府と自衛隊は自衛隊基地を提唱し、滋賀県や大津商工会もこれに同調した。大津市は京阪神と結んだ観光圏としての利用を主張したが、五二年から大津市長に就いていた上原茂次は、改進党のほか左右社会党、滋賀県労働組合協議会、共産党系の大津自由労組の推薦を受けた革新系であった。五八年七月、国有財産近畿地方審議会は、主要なA地区を大津市に返還し、B地区を自衛隊駐屯地と決定する。[88]

市内四カ所の米軍施設に第四海兵連隊四〇〇〇名と陸軍部隊二～三〇〇〇名が駐留していたキャンプ奈良でも、一九五五年一月一九日に開かれた第二〇回日米親善連絡会議（奈良駐留軍と地元機関の融和をはかる会合）で、第三海兵師団第四連隊副司令官から「第三海兵師団第四連隊は、ごく少数を〔略〕残してハワイへ移駐する」と発表されると、[89]跡地利用問題が起こる。師範学校時代から校舎や校庭・敷地などの基本的施設において狭隘をかこってきていた奈良学芸大学は、キャンプC地区への移転を目指し、大学後援会長を会長、附属校後援会各育友会長を副会長、学長を顧問とし、大学事務局に本部を置いて「キャンプ奈良C地区獲得同盟期成会」を組織する。文部省、大蔵省、防衛庁への陳情、署名運動、ビラ配布などの宣伝活動などを展開して、五八年一〇月にC地区への全面移転を実現する。[90]E地区には、五六年一一月に山口県防府《ほうふ》から幹部候補生学校が移駐し、以降、航空自衛隊基地となる。

航空基地の阪神飛行場は一九五四年に日本へ返還されるが、民間航空会社、自衛隊、農民の間で跡地利用問題が起こる。結局、一部の土地（一八一ha）は農地として払い下げられた上で、六一年五月に西日本唯一の小型機専用飛行場（第二種空港）として八尾空港が開港する。[91]しかし、海兵隊ヘリコプター部隊の追浜への移転後の五四年五月一〇日から保安隊の第三管区航空隊大正派遣隊が新設され、[92]現在まで陸上自衛隊との共用となっている。

海兵隊ヘリコプター基地が置かれた追浜《おっぱま》は、五八年八月に在日米軍司令部は陸軍追浜兵器廠の閉鎖を予告する。

跡地転用は順調に進み、六二年には一月には四〇社が進出し、うち二八社が操業を開始する[93]。現在では日産の工場群が立ち並び、その西側の追浜基地が置かれた場所は、横浜ベイスターズの二軍が使用する横須賀スタジアムに隣接して、公園や神奈川県立追浜高校となっている。筆者が訪れたときには、公園は「(仮称)追浜公園総合演習場整備工事」が行われ、第二野球場が建設されていた[94]。伊丹基地も接収解除後の五八年三月一八日に大阪空港として開港し、五九年七月三日には第一種空港として国際路線を開設し、大阪国際空港に改称した。

海兵隊が利用した演習場は、先に見たキャンプ富士や饗庭野演習場、長池演習場は自衛隊へと引き継がれて、現在ではキャンプ富士と饗庭野演習場は日米の共同使用になっている。また、茅ヶ崎ビーチは、一九五九年六月二五日に日本に返還され、若者でにぎわう観光地へと生まれ変わっていった[95]。

米軍基地の縮小

海兵隊の日本「本土」からの撤退は、「本土」での米軍基地の縮小へとつながっていく。日本政府は一九五七年五月に在日米軍地上部隊―陸軍と海兵隊の実戦部隊の日本「本土」からの撤退を米軍に求め、六月の岸・アイゼンハワー会談で在日米地上部隊の撤退が合意された。八月には米陸軍第一騎兵師団の撤退が開始され、米地上部隊は五八年二月に日本「本土」からの撤退を完了した。以降、自衛隊への置き換えや統合を通して、五六年に一四万一三七二名だった在日米軍は五九年には五万二四五二名に減少し、米軍基地も二七二件・四万九四〇〇haに縮小されていった[96]。日本「本土」での米兵による事件事故も、五五年の一万一〇七八件・死者六七人、翌五六年の同一万二九八八件・同六三人から、六五年には同四三二件・同二九人へと減少していった[97]。

日本「本土」では以降、高度成長を通した「豊かな社会」を実現し、この中で「基地問題」は政治焦点からしりぞいていく。一九六〇年七月に発足した池田勇人政権は、六〇年安保闘争で揺らいだ自民党政権を立て直すべく、「寛容と忍耐」の「低姿勢」を掲げ、改憲や防衛政策の争点化を回避しつつ、「国民所得倍増計画」を打ち出して国民の関心を政治から経済へとシフトさせた。池田政権期、六四年の新幹線開通や東京オリンピックなどに見られるように日本は高度成長期を迎えた。安保体制への国民の支持を得るために、池田政権は安保条約によって日本は非生産的な軍事支出を最小限にとどめて、ひたすら経済発展に務めることができたという「安保有効論」を生み出していき、これは日本社会に徐々に受け入れられていく。(98)

（1）一九五四年六月一四日付『読売新聞』奈良版、一九五四年六月一九日付『読売新聞』奈良版
（2）奈良教育大学創立百周年記念会百年史部会編『奈良教育大学史―百年の歩み―』（一九九〇年）
（3）吉次公介『日米安保体制史』（岩波新書／二〇一八年）、青島章介・信太忠二『基地闘争史』（社会新報／一九六八年）
（4）大阪軍事基地反対懇談会事務局・関西軍事基地反対連絡協議会共編『立ち上がる！基地京阪神　原・水爆基地を日本からとりはらえ！』一九五四年（佐藤公次編著『米軍政管理と平和運動　補強第二版』せせらぎ出版／一九八八年）
（5）一九五三年七月一三日付『岐阜タイムス』
（6）一九五三年九月一二日付『岐阜タイムス』
（7）一九五三年九月一二日付『中部日本新聞』岐阜版
（8）一九五三年九月一六日付『中部日本新聞』岐阜版、一九五三年九月一六日付『岐阜タイムス』
（9）一九五三年一〇月一日付『岐阜タイムス』
（10）佐藤公次編著 前掲書
（11）同右
（12）同右
（13）神奈川県県民部県史編纂室編『神奈川県史　通史編5　近代・現代（2）』（一九八二年）

(14) 神奈川県地評基地反対連絡会議共同デスク『神奈川共同デスク特集』一九五五年九月一五日（神奈川県企画調査部県史編集室編『神奈川県史　資料編12　近代・現代（2）』一九七七年）

(15) 一九五六年一月三〇日付『防長新聞』、一九五六年二月七日付『中国新聞』山口版、一九五六年二月一六日付『防長新聞』、一九五六年二月二一日付『中国新聞』山口版

(16) 山口県編『山口県史　資料編　現代2　県民の証言　聞き取り編』（二〇〇〇年）

(17) 山口県行政課「秋吉台開発事業一件」（山口県行政文書 県庁戦後B一九五〇年代一一〇〇―山口県『山口県史　資料編　現代5』二〇一七年）、青島章介・信太忠二『基地闘争史』（社会新報／一九六八年）

(18) 森下徹「信太山丘陵をめぐる軍隊と地域社会　信太山演習場解放運動を中心に」（大阪市立大学日本史学会編『市大日本史』二〇一五年五月）、和泉市史編さん委員会編『和泉市の歴史4　地域叙述編　信太山地域の歴史と生活』（二〇一五年）

(19) 同右

(20) 安竹貴彦「市大生の校舎返還運動(1)」（『大阪市立大学紀要』第八号／二〇一五年）

(21) 大阪市立大学百年史編纂委員会編『大阪市立大学百年史　全学編　上巻』（一九八七年）

(22) 「校舎返還実行委　情報第二号」（八月二〇日）―大阪市立大学・大学史資料室所蔵

(23) 大阪市立大学杉本校舎全面返還促進教職員実行委員会「大阪市立大学杉本校舎問題の経過」（発行年不明）―大阪市立大学・大学史資料室所蔵、大阪市立大学杉本校舎全面返還促進教職員実行委員会「大阪市立大学杉本校舎問題の経過（続）」（一九五五年）―大阪市立大学・大学史資料室所蔵

(24) 同右、一九五四年七月一一日付『朝日新聞』大阪本社・朝刊

(25) 大阪市立大学百年史編纂委員会編 前掲書

(26) 一九五四年七月六日付『毎日新聞』大阪市内版

(27) 池田克彦「杉本町校舎返還運動―かけがえのない私の青春時代―」（二〇〇三年）―大阪市立大学・大学史資料室所蔵

(28) 安竹貴彦 前掲書

(29) 一九五五年七月一〇日付『朝日新聞』大阪市内版

(30) 一九五五年七月一二日付『読売新聞』大阪市内版、一九五五年七月一二日付『大阪日日新聞』
(31) 一九五五年九月一〇日付『読売新聞』大阪読売新聞社・夕刊、一九五五年九月一一日付『朝日新聞』泉州版
(32) 筆者訪問 二〇一七年九月
(33) 北富士闘争連絡会『北富士闘争』2号(発行年不明)
(34) 山梨県編『山梨県史 資料編15 近現代2』(一九九九年)
(35) 安藤登志子『北富士の女たち 忍草母の会の二十年』(社会評論社/一九八二年)
(36) 富士吉田市編さん室編『富士吉田市史 行政編・上巻』(一九七九年)、小山高司「【研究ノート】北富士演習場をめぐる動き―その設置から使用転換の実現まで―」(『防衛研究所紀要』第一二巻第二・三合併号/二〇一〇年)
(37) 同右
(38) 安藤登志子 前掲書
(39) 一九五三年八月一六日付『朝日新聞』山梨版
(40) 一九五三年八月一九日付『山梨時事新聞』
(41) 一九五三年九月一八日付『朝日新聞』山梨版、一九五三年九月一八日付『山梨日日新聞』、一九五三年九月一九日付『山梨日日新聞』
(42) 一九五三年一〇月二四日付『朝日新聞』山梨版、一九五三年一〇月二八日付『山梨日日新聞』、一九五三年一〇月二八日付『山梨時事新聞』
(43) 一九五四年五月二一日付『山梨時事新聞』、一九五四年五月二一日付『朝日新聞』山梨版
(44) 一九五四年六月一九日付『山梨時事新聞』
(45) 一九五四年七月一八日付『山梨時事新聞』
(46) 一九五五年一月二七日付『山梨時事新聞』、一九五五年二月六日付『山梨時事新聞』
(47) 山梨県警史編さん委員会編「山梨県警察史 下巻」(一九七九年)、一九五三年九月二〇日付『山梨日日新聞』、一九五三年一〇月三〇日付『山梨時事新聞』
(48) 猪俣浩三・木村禧八郎・清水幾太郎編『基地日本』(和光社/一九五三年)
(49) 一九五四年二月二〇日付『山梨時事新聞』

(50)一九五五年五月二五日付『山梨日日新聞』
(51)一九五三年七月二一日付『山梨時事新聞』
(52)一九五三年七月六日付『山梨時事新聞』
(53)一九五三年八月一四日付『山梨時事新聞』、一九五三年八月一九日付『山梨時事新聞』
(54)一九五四年八月一一日付『山梨日日新聞』、一九五四年八月二三日付『山梨時事新聞』、一九五四年一二月二一日付『山梨時事新聞』
(55)一九五四年八月二五日付『山梨日日新聞』、一九五四年九月一日付『朝日新聞』山梨版
(56)一九五四年九月四日付『朝日新聞』山梨版、一九五四年九月五日付『山梨時事新聞』、一九五四年九月五日付『朝日新聞』山梨版
(57)一九五四年九月六日付『朝日新聞』山梨版
(58)一九五四年八月三〇日付『山梨時事新聞』
(59)一九五五年三月一〇日付『山梨時事新聞』
(60)一九五五年三月一一日付『山梨時事新聞』
(61)一九五五年三月一三日付『山梨時事新聞』
(62)一九五五年三月一三日付『山梨日日新聞』
(63)一九五五年三月二一日付『朝日新聞』山梨版
(64)一九五五年三月一四日付『山梨日日新聞』
(65)一九五五年三月二〇日付『山梨時事新聞』、一九五五年三月二〇日付『朝日新聞』山梨版
(66)一九五五年三月二七日付『山梨日日新聞』
(67)一九五五年三月二八日付『朝日新聞』山梨版、一九五五年三月二八日付『山梨日日新聞』
(68)一九五五年五月五日付『山梨日日新聞』、一九五五年五月七日付『山梨日日新聞』
(69)一九五五年五月九日付『朝日新聞』大阪本社・夕刊、一九五五年五月一〇日付『山梨日日新聞』、一九五五年五月一〇日付『朝日新聞』山梨版
(70)一九五五年五月一〇日付『山梨時事新聞』

(71)一九五五年五月一四日付『朝日新聞』山梨版、一九五五年五月一四日付『山梨日日新聞』
(72)「〝解決せぬ〟北富士演習場問題」(『エコノミスト』一九五五年五月二八日)
(73)一九五五年五月一六日付『朝日新聞』大阪本社・朝刊
(74)一九五五年五月一五日付『山梨時事新聞』
(75)一九五五年六月二〇日付『山梨日日新聞』
(76)一九五五年六月二〇日付『朝日新聞』大阪本社・夕刊、一九五五年六月二〇日付『毎日新聞』大阪本社・夕刊
(77)一九五五年六月二一日付『山梨日日新聞』
(78)一九五五年六月二一日付『朝日新聞』大阪本社・朝刊
(79)安藤登志子 前掲書
(80)畑穣「入会権とはどういう権利なのか」(北富士闘争連絡会『北富士闘争』六号/一九七二年二月二五日)、忍野村編『忍野村誌』(一九八九年)、山梨県編『山梨県史 通史編6 近現代2』(二〇〇六年)
(81)山梨県編 同右、仁藤祐治『東富士演習場小史』(悦声社/一九七六年)、御殿場市史編さん委員会編『御殿場市史9 通史編下』(一九八三年)、末浪靖司『「日米指揮権密約」の研究 自衛隊はなぜ、海外へ派兵されるのか』(創元社/二〇一七年)
(82)山本章子「一九五〇年代における海兵隊の沖縄移転」(屋良朝博・川名晋史・齊藤孝祐・野添文彬・山本章子『沖縄と海兵隊 駐留の歴史的展開』旬報社/二〇一六年)
(83)屋良朝博・川名晋史・齊藤孝祐・野添文彬・山本章子 前掲書
(84)横須賀市編『横須賀市史 市制施行八〇周年記念〈上巻〉』(一九八八年)
(85)一九五五年六月二三日付『岐阜タイムス』、一九五五年六月二三日付『中部日本新聞』岐阜版
(86)各務原市教育委員会編『各務原市史 通史編 近世・近代・現代』(一九八七年)
(87)森下徹 前掲書、和泉市史編さん委員会編 前掲書
(88)滋賀県史編さん委員会編『滋賀県史 昭和編 第一巻 概説編』(一九八六年)、『新修 大津市史6 現代』(一九八三年)
(89)一九五五年一月二〇日付『朝日新聞』奈良版

(90) 奈良教育大学創立百周年記念会百年部会編 前掲書
(91) 八尾市史編纂委員会編『八尾市史』(一九五八年)
(92) 一九五四年五月一二日付『朝日新聞』大阪市内版
(93) 横須賀市編 前掲書
(94) 筆者訪問 二〇一九年五月
(95) 茅ヶ崎市史編纂委員会編『茅ヶ崎市史ブックレット13「演習場チガサキ・ビーチ」』(二〇一一年)、茅ヶ崎市編『茅ヶ崎市史 現代2 茅ヶ崎のアメリカ軍』(一九九五年)
(96) 吉次公介 前掲書
(97)「防衛施設庁資料」(二〇〇五年七月一九日付『しんぶん赤旗』)
(98) 吉次公介 前掲書

第六章　海兵隊駐留下の沖縄

1　海兵隊移駐と沖縄基地の拡大・強化

沖縄と海兵隊基地

二〇一一年六月末現在、沖縄には一万五三六五名の海兵隊が駐留し、この数は在日海兵隊全体の八七・四%、在沖米軍人二万五八四三名のうち六割近くに達している。[1]ここで、沖縄の海兵隊基地を訪ねていこう[2]（【図6―1】）。

沖縄の玄関口、那覇空港から国道五八号線を北上すると、左手にフェンスが延々と続く。このフェンスの向こうは牧港補給基地（キャンプ・キンザー　浦添市《うらそえし》／二七三・七ha）である。第三海兵師団兵站司令部が置かれており、国道五八号線沿いの倉庫群は南北三㎞に及んでいる。ベトナム戦争時には、「トイレットペーパーから戦車まで」、あらゆる物資がここから送り出されていった。

国道五八号線から牧港バイパスに入ると、左側に嘉数《かかず》台地公園がある。沖縄戦の激戦地だったこの場所からは、普天間《ふてんま》基地（宜野湾市《ぎのわんし》／四八〇・六ha）を一望することができる。第一海兵航空師団第三六航空群が駐留し、CH53大型ヘリやMV22オスプレイなど五八機が配備されている。この基地の周辺には住宅地が密集しており、小・

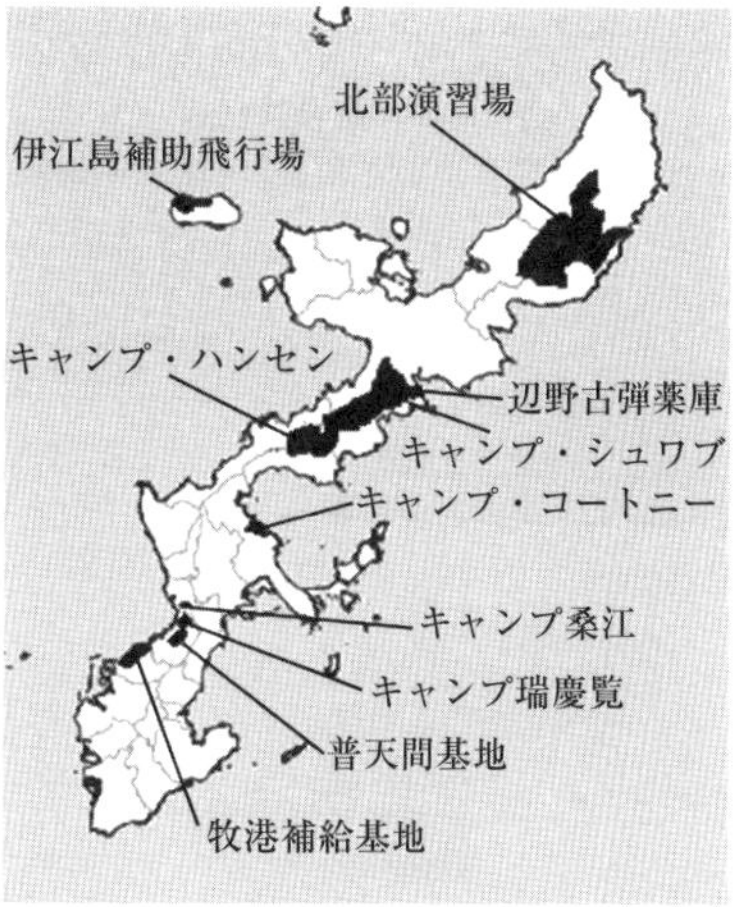

【図６－１】沖縄の海兵隊基地
（国土地理院白地図を加工）

中・高校と大学など、教育施設も一八校ある。

普天間基地の北側には、キャンプ瑞慶覧《ずけらん》（キャンプ・フォースター—沖縄市、北谷町《ちゃたんちょう》、北中城村《きたなかぐすくそん》、宜野湾市／五九五・七ha）がある。ここには、米海兵隊太平洋基地司令部や沖縄駐留海兵隊の基地・施設を統括するキャンプ・バトラー司令部、沖縄四軍調整官を務める在日米軍沖縄調整事務所が置かれている。第三海兵遠征軍第三戦闘兵站連隊も置かれ、戦車や装甲車の修理や整備が行われている。

キャンプ瑞慶覧の北側にあるのが、キャンプ桑江（北谷町／六七・五ha）である。ここには、主要施設である海軍病院のほか、各種の宿舎、学校、サッカー場等が置かれている。

さらに北上を続けよう。嘉手納《かでな》町、沖縄市、北谷町にまたがる巨大な米空軍嘉手納基地を過ぎてうるま市に入ると、太平洋に面してキャンプ・コートニー（うるま市／一三三・九ha）がある。ここは第三海兵遠征軍司令部や第三海兵師団司令部がある沖縄海兵隊の指揮中枢基地で、同遠征軍の実戦部隊である第三一海兵遠征部隊も置かれている。

太平洋沿いに走る国道三二九号線を北上すると左側に恩納岳《おんな》を頂に山原《やんばる》と呼ばれる深い森が広がっている。ここは、キャンプ・ハンセン（金武町《きんちょう》、恩納村《おんなそん》、宜野座村《ぎのざそん》、名護市／五一〇九・九ha）である。金武町の市街地に面したキャンプ地区と恩納村、宜野座村、名護市からなる中部訓練地区（CTA：Central Training Area）から成り、海兵隊の実戦部隊である第一二海兵連隊や第四海兵連隊司令部、第三一海兵遠征部隊分隊などが駐留している。

訓練地区では恩納岳、伊芸《いげい》岳、金武岳、ブート岳が実弾射撃訓練の着弾地に設定され、中東の街並みを再現した市街地戦闘訓練場も置かれている。

キャンプ・ハンセンの中を走る県道一〇四号線を西へ進むと、道路沿いにある広場（恩納村安富祖《あふそ》）に机が設置され、ぬいぐるみや飲み物、花が供えられている。ここは、二〇一六年四月二八日にうるま市で発生した元海兵隊の米軍属による強かん殺人事件で、理不尽に殺された二〇歳（当時）の女性の遺体が遺棄された現場である。この年の六月一九日、炎天下の奥武山《おうのやま》運動公園陸上競技場（那覇市）に主催者発表で六万五〇〇〇人が集まり、「元海兵隊員による残忍な蛮行を弾劾！　被害者を追悼し、沖縄から海兵隊の撤退を求める県民大会」（辺野古新基地を造らせないオール沖縄会議主催）が開催された。ここに被害女性の父親が、次のメッセージを寄せた。

米軍人・軍属による事件、事故が多い中、私の娘も被害者の一人となりました。なぜ、娘なのか、なぜ殺されなければならなかったのか。今まで被害に遭った遺族の思いも同じだと思います。被害者の無念は、計り知れない悲しみ、怒りとなっていくのです。それでも、遺族は安らかに成仏してくれることだけを願っているのです。次の被害者を出さないためにも「全基地撤去」「辺野古新基地建設に反対」。県民が一つになれば、可能だと思っています。県民、名護市民として強く願っています。

キャンプ・ハンセンに隣接してあるのが、キャンプ・シュワブ（名護市／二〇六二・六ha）である。第四海兵連隊、戦闘強襲大隊、第三偵察大隊が駐留し、久志岳を中心にするシュワブ訓練地区で実弾射撃演習が行われている。砲撃で禿げた山肌が痛々しい。提供水域が隣接して置かれ、ここでは水陸両用車による強襲揚陸訓練が実施されている。辺野古《へのこ》沖での新たな基地建設は、二〇一八年六月に訪問した際には護岸工事が進んでおり、海中から延びる巨大なクレーンが目を引いた。その後に土砂の搬入が強行された。搬入される土砂は、二〇六二万㎥、一〇トントラックで約三四〇万台分にもなる。こうして建設されようとしている基地は、六〇〇mのオーバーランを含む一八〇〇m滑走路二本の巨大な航空基地で、普天間基地にはない弾薬搭載エリアや強襲揚陸艦が接岸できる全長二七二mの護岸が建設される。単なる普天間基地の「移設」などではなく、キャンプ・シュワブや辺野古弾薬庫と一体的に運用される海兵隊の一大出撃拠点基地が新たに建設されようとしている。

キャンプ・シュワブに隣接する辺野古弾薬庫（名護市／一二一・五ha）は、海兵隊が管理する弾薬庫で、覆土式弾薬庫と地下式弾薬庫から成る。一九七二年の「本土」復帰の際に、ニクソン大統領と佐藤栄作首相の間で有事の際の核兵器の持ち込み密約が結ばれるが、ここも核兵器持ち込み場所に指定されている。

沖縄北部の山岳地帯にあるのが、北部演習場（国頭村《くにがみそん》、東村《ひがしそん》／七八二四・二ha）である。海兵隊管理の演習場で、世界で唯一のジャングル戦闘訓練センターとなっている。海兵隊のほか、陸軍、空軍、海軍が対ゲリラ訓練、ヘリコプター飛行・離着陸訓練などを実施している。二〇一六年一二月に国頭村域の大部分が返還されたが、東村高江集落を取り囲むように新たに六カ所のオスプレイ発着場が建設され、激しい反対運動が展開された。筆者が訪問した一八年六月の時点でも、ゲート前には警備員が配置され、警戒に当たっていた。

沖縄本島から離れ、本部町《もとぶちょう》からフェリーで伊江島へと向かおう。ここには、伊江島補助飛行場（伊江村／八〇一・六ha）が置かれている。海兵隊の訓練場で、ＡＶ８Ｂ垂直離着陸攻撃機ハリアー離着陸帯やＣ130輸送機が訓練を行うためのコーラル滑走路がある。パラシュート降下訓練、重量物投下訓練、米空軍嘉手納基地所属の特殊作戦機ＭＣ130輸送機などによる人質救出訓練、海兵隊のＡＶ８Ｂハリアーやオスプレイの離着陸訓練、爆破された滑走路の補修訓練などが行われている。さらに、オスプレイに加えて海兵隊Ｆ35ステルス戦闘機の駐機場の整備が進められている。この島にある「反戦平和資料館ヌチドゥタカラの家」は、米軍基地による被害とそれに対する島民の抵抗の歴史を教えてくれる。

日本「本土」では、山口県岩国市の岩国基地に戦闘攻撃機や空中給油機から成る第一海兵航空団第一二海兵航空群が駐留している。静岡県のキャンプ富士には海兵隊の管理部隊が置かれ、同県沼津市には海兵隊訓練場がある。米海軍佐世保基地は、海兵隊と海兵隊航空部隊を搭載して他国への侵攻作戦をおこなう米海軍の強襲揚陸艦の母港となっており、この中継・出撃基地は沖縄の米海軍ホワイト・ビーチ地区にある。

まさに、沖縄を中心にして、日本は米海兵隊の一大拠点となっている。

海兵隊の沖縄移駐

一九五七年八月二一日付『沖縄タイムス』夕刊は、上陸訓練を兼ねて日本「本土」から沖縄へ移駐してきた海兵隊の姿をレポートしている[3]。

【コザ】第三海兵隊の沖縄本島上陸演習は、第七艦隊援護のもとに二十一日午前九時を期して一せいに行われた。第三海兵隊の移動に当たり実施されたもので、この演習に参加した海軍艦船は大小六十五隻、ゼット〔ママ〕戦闘機多数、ヘリコプター四十機と戦車隊が参加した。

ネルソン大佐の指揮する海兵第一連隊の武装兵二千五百名が午前九時第七艦隊の護衛するＬＳＴから与那原海岸と金武海岸に舟艇で上陸を開始、時を同じくして久志村〔現在は名護市〕辺野古にはヘリコプターから武装兵隊八百四十名が、上陸を敢行した。〔略〕

上陸が始まると上陸援護機の急降下が続き、海兵側の応戦が開始され、付近一帯は爆音につつまれ、さながら実戦のようだった。

キャンプ堺に駐留していた第九海兵連隊が一九五五年七月にキャンプ・ナプンジャ（キャンプ・ヘーグ※）に移駐したのを皮切りに、翌五六年二月には第三海兵師団司令部がキャンプ岐阜からキャンプ・コートニーに、五七年には第三海兵連隊がキャンプ富士からキャンプ瑞慶覧に移駐してくる。またキャンプ奈良に駐留していた第四海兵連隊は、ハワイのキャンプ・カネオ、南ベトナムを経て、六九年に沖縄のキャンプ・ハンセンに移駐してくる。(4)

※キャンプ・ナプンジャ（ヘーグ）——具志川市（現在は、うるま市）、沖縄市にあった米軍基地。七三・六haの全面積は一九七七年までに返還され、住宅地、商業地、公共施設用地として利用された。

さらに、沖縄の「本土復帰」後の一九七六年二月一二日、ノーズ米総領事は沖縄県庁に屋良朝苗《やらちょうびょう》知事を訪問し、岩国基地の第一海兵師団司令部を沖縄に移動させると通告した。(5) 第一海兵航空団司令部の移駐を前にして、沖縄は全土で激しい軍事訓練に見まわれる。当時の新聞を開くと、「宜野湾市にある米海兵隊普天間飛行場を拠点にしたヘリコプター、輸送機、偵察機などの離発着訓練も日増しに活発化し、〔二月〕十八日は一日中、間断ない旋回飛行がくり返され、付近住民は爆音公害にイライラしどおし」(6)、「どこかで戦争がはじまったのではないか——〔二月〕二十一日朝から北谷村一帯を間断なくとどろかす爆音、そして国道58号線沿いのハンビー飛行場※に着陸するヘリコプターの数々。武装した海兵隊員が国道を横切ったりの激しい動き。さながら臨戦態勢を思わせる訓練に付近住民をはじめ、58号線を通る人たちを不安がらせた」(7)と伝えている。普天間基地は六〇年に海兵隊に移され、ハンビー飛行場にも当時、海兵隊ヘリコプター部隊が駐留していた。二月二八日に沖縄議会は、「米軍演習の即時中止と米軍輸送パイプラインの即時全面撤去、米第一海兵航空団の移駐反対」に関する意見書を採択し、これに抵抗した。(8) しかし、この沖縄の声を踏みにじり、四月には第一海兵航空団司令部のキャンプ瑞慶覧への移駐が強行される。

※ハンビー飛行場――米軍の沖縄本島占領後、キャンプ瑞慶覧の一部（北谷町）三二・二haが飛行場として設営され、長さ一〇三五m、幅三〇mの滑走路を持つ飛行場が建設された。一九七六年一二月に全面返還され、大型商業施設や公園などの公共施設が建設された。

「島ぐるみ闘争」の中で

一九四五年の沖縄戦で米軍は住民を島内の七つのキャンプに収容し、「本土」への侵攻作戦のために大規模な軍事施設を構築していったが、日本の降伏によりその目的は失われ、沖縄は「忘れられた島」[9]と形容されるようになっていた。しかし、冷戦の激化と五〇年に勃発した朝鮮戦争は、沖縄の軍事的価値を高めることになる。五二年のサンフランシスコ講和条約第三条で日本から切り離され、米軍統治下に置かれ続けた沖縄では、基地の建設が拡大していった。五三年には二万三三二五名だった在沖米軍は六〇年には三万七一四二名へと、基地面積も五一年の一万二四〇〇haから六〇年には二万九〇〇〇haへと増加していった。[10]

米軍の土地収用は、沖縄戦の最中には住民が収容所に隔離されている間に進められた。占領初期の沖縄では「立退き命令書」一枚で自由に土地を接収し、無償で使用することができた。サンフランシスコ講和条約締結によって土地契約を迫られた米軍当局は一九五二年に布令第九一号「契約権」を交付したが、二〇年の契約で一坪（約三・三㎡）当たりの土地価格が平均一円八銭（B円）であったため、実際に契約したのは約四万人いた地主のうちたった二％にとどまった。また、当時使用中の土地については、すでに「契約」成立しているとされた。さらに、新しく接収する土地に対しては、五三年四月三日に布令第一〇九号「土地収用令」を発布して強制収容に乗り出した。[11]

「土地収用令」が真っ先に適用されたのが、真和志村（一九五三年一〇月からは真和志市、現在は那覇市）の安謝《あじゃ》、銘苅《めかる》、天久《あめく》、平野一帯である。[12]続いて宜野湾村（現在は宜野湾市）伊佐浜、[13]伊江島[14]で「銃剣とブルドーザー」による住民からの土地の強制収用が進められた。

一九五四年四月、民政府※が軍当局の定める地価相当額（借地料＝地価の六％の一六・六カ月分）の「一括」払いによって永代借地権を設定するとした陸軍省の計画を発表すると、琉球立法院※は「一、適正補償を要望する」「二、毎年払を要望する」「三、新規接収に反対し、未使用地の解決を供給する」「四、損失補償の促進と新規改廃を要望する」という「土地を守る四原則」を打ち出し、さらに行政府、市町村長会、土地連絡会を加えた四者協議会が結成され（後に市町村議長会が加わり五者協議会）、「島ぐるみ闘争」が開始される。米下院軍事委員会のメルヴィン・プライスを長とする沖縄現地調査団が、五六年六月二〇日に土地の一括払いによる軍用地接収と一万二千エーカー（約四八五六ha）の新規接収を支持する勧告を発表すると、その当日には「プ勧告反対」「土地を守る四原則貫徹」の下に各市町村単位で住民大会が開かれ、真和志市一万五〇〇〇人、那覇市四万人、コザ市（現在は沖縄市）一万八〇〇〇人、具志川村（現在はうるま市）一万をはじめ延べ一四万人が参加した。二五日には那覇とコザの二会場でプライス勧告反対地区住民大会が開かれ、それぞれ一〇万人と五万人が参加した。[15]

※沖縄民政府――米軍政下における沖縄の行政組織。一九四六年四月に琉球列島米国軍政府（軍政府）の諮問機関であった沖縄諮詢会を継承する形で設立され、軍政府の絶対的権力下にあった。

※琉球立法院――米国民政府布令第六八号によって設立された琉球政府の立法機関。沖縄での立法事項について立法権を行使することができたが、米国民政府の制約の下で法令の無効を命じられることなどもあった。

米軍の過酷な弾圧を受けながらも、生涯をかけて沖縄反基地運動の先頭に立ち続けてきた瀬長亀次郎※は、この「島ぐるみ闘争」を次のように表現した。[16]

「アメリカの永久占領反対」、「信託統治反対」、「土地取上げ反対」、「強制立退き反対」、「即時日本にかえせ」の叫びは、考え方や意見の相違をのりこえて、百万県民の炎のような要求にかわった。〔略〕五二年四月発足した立法院は、人民の熾烈なこの叫びに応じて動き出し、まさに抵抗議会の様相を示しはじめた。

※瀬長亀次郎――一九〇七～二〇〇一年。沖縄出身の政治家。沖縄人民党の結成に参加し、書記長などを歴任。一九五二年の第一回立法院議員選挙で当選するが、沖縄人民党事件で投獄される。五六年の出獄後に那覇市長に当選するが、またも米軍の圧力で被選挙権を剥奪される。七〇年の沖縄初の国政選挙では沖縄人民党公認で当選し、七三年に人民党が日本共産党に合流すると同党の副委員長を務め、九〇年に引退するまで衆議院議員として活躍した。

この土地闘争の最中に、沖縄に移動してくる海兵隊の基地建設も進められていくことになる。

海兵隊基地の建設

キャンプ・シュワブやキャンプ・ハンセンなどの海兵隊の基地建設については、住民が積極的にこれを受け入れていったかのように語られることが多い。また、当時は米軍も「島ぐるみ闘争」を切り崩すためにそのように宣伝した。しかし、必ずしも住民が自ら望んで海兵隊基地の建設を受け入れていったわけではなかった。

①キャンプ・シュワブと辺野古弾薬庫⒄

一九五五年一月、米軍は久志村を通して久志岳・辺野古岳一帯の山林野を銃器演習に使用したいと伝えてきた。村では臨時議会を招集して山への依存の高い住民の生活に影響が出るとして反対を決議するとともに、民政府などへの陳情や阻止行動に取り組んだ。七月二二日になると、民政府は辺野古・豊原・久志区域の山林地帯、思原《うむいばる》と長崎原をキャンプ基地にするために、総面積五〇〇エーカー（約二〇二・三五ha）の土地の新規接収を通告してきた。八月に入ると辺野古地区内の測量実施の入域許可の申し出があったが、住民は常会を開いてこれを拒否すると同時に、軍用地反対などを決議して久志村当局に要請した。

米軍は、反対する「字」に対して強制収容と補償の拒否をちらつかせて住民を切り崩しにかかった。伊佐浜での強制立退きを目にした住民は、区長以下五名の土地委員会を設置して条件闘争へ舵を切り、①農耕地はできる限り利用しない、②演習による山林利用、③基地建設の際は労務者の優先雇用、④米軍の余剰電力及び水道の利用、⑤損害の適正補償、⑥不用地黙認耕作を許可する、という要望事項を申し入れ、米軍側もこれを了承する。

武力を背景にした「合意」を、米軍は四原則貫徹の闘争を切り崩すために最大限利用する。一九五六年一一月、土地委員の一人に極東放送を通して土地接収の賛成意見を述べさせ、島民に大きな衝撃を与えた。しかし、すべての地主がこれに賛成したわけではなく、先祖代々の土地を守る四原則を支持して契約を保留する地主もいた。こうして、キャンプ・シュワブは五九年に完成し、沖縄ではじめての恒久建物の建つキャンプ地区と訓練場からなる総面積二〇二四・二haの広大な米軍基地となった。さらにキャンプ・シュワブの使用契約締結後の五七年一月に追加接収された土地には、辺野古弾薬庫が建設された。

②キャンプ・ハンセン[18]

並里（現在は本部町）・金武村（現在は金武町）の住民をギンバル地区（現在の中川）に移している間に、米軍は金武村に工場を建設し、沖縄戦の最中の四月下旬には金武飛行場が池原一帯（現在のキャンプ・ハンセン地域）に完成した。沖縄戦が終わると、金武飛行場は放棄された時期もあったが、冷戦が現れる一九四七年の夏ごろから実弾射撃の訓練場として使用されはじめ、戦闘機の爆撃、金武湾からの艦砲射撃などが実施されるようになる。

土地闘争の最中の一九五五年七月、金武村をはじめ北部六町村、中部二町村に一万二〇〇〇エーカー（約四八五六・四ha）の新規土地接収が通告された。金武村では金武小学校に二〇〇〇人の地主を集めて村主催の地主大会が開かれ、住民は次々に「新規接収反対」の意見を述べた。「伊佐浜の状況を見た場合、米軍は地主の権利・人権を無視していると思われる。村への通告は、第二の伊佐浜になることも予想されるので新規接収には絶対に反対だ」、「平川原は現在軍用地で農耕を許されているが、砲撃演習のため、命がけの耕作をやっている。これ以上耕地を失ったら何で食って行くか、現在の平川原も土・日曜は砲撃をやめて農耕を許してもらいたい」、「飛行場も軍が使わないので固められた土をツルハシで掘ってやっと農地にしたら射撃場に使うということで、あっけなく接収された。我々はあのとき反対すべきだったのだ。賃貸料を払っているからといって、米軍は勝手にしているだろうが、十分な額ではない」などの反対意見が続出した。

しかし、四原則貫徹の運動は分解している過程だった。その端緒となったのは、先に見た久志村辺野古の動きだった。「金武には弾は落ちるが、ドルは落ちない」、「演習は金武でやり、遊興は辺野古とコザ。軍用トラックの往来で子どもたちの通学も危険だ」、「土地を守る四原則はどうする」と議論もつきなかったが、実態として演習場となっていて山林の利用もできない状態にあり、危険にさらされるばかりで、経済的に何のメリットもない現実に人々は苦悩した。議論を尽くしたうえでの結論は、新規接収を受け入れて基地を誘致するという「苦渋の決断」であった。

こうして、キャンプ・ハンセン第一期工事は、国場組《こくば》によって一九五九年六月から着工され、三年後の六二年一〇月に完工した。

③北部演習場[19]

国頭村には総面積の約七〇％にあたる一万三四〇〇町歩（約一万三二八九ha）の国有林地域があり、この管理権は自動的に米軍が握り、ゲリラ演習地として自由に使用した。その中に北部演習場、安波《あは》訓練場、奥間訓練場が含まれていた。山は住民の入会の場としてあり、植林と管理の義務を負ってきた。このような入会権を奪う中で、米軍の演習場が作られていった。

一九七〇年、北部演習場にカシマタ山射撃訓練場が建設されると、入会権を奪われた住民は実弾射撃阻止運動に取り組んでこれに抵抗した。着弾地は山に依拠して生活している村民の歴史的な生活源であり、カシマタ山は琉球政府が工業用水を確保するために開発を予定していた水源地であった。一二月三〇日早朝には山川武夫国頭村長を中心に山に座り込み、一部の住民は演習地に突入して、ついに演習を中止させている。

④普天間基地[20]

沖縄戦で米軍の保護下に入った宜野湾村の住民は、絶え間なく続けられた民間人の移送によって当時の全人口の七五％もの人々が出身地を離れて生活をせざるを得ず、生き残った約三二万人のうち約二五万人が石川―仲泊《なかどまり》を結ぶ第六号道路以北の山岳地帯に居住することを強いられた。「住民不在」の沖縄戦最中に普天間飛行場や補給基地、占領後の四八年にはキャンプ・ブーン※、普天間ＡＪキャンプ※などが次々と米軍によって建設されていった。普天間基地には、アメリカ陸軍工兵隊が「本土」決戦に備えて直ちに滑走路を建設した。

※キャンプ・ブーン――宜野湾市にあった米軍基地。陸軍の民間人事部、ガードの司令部、野外集積場、陸軍中央パス発行所、ＵＳＡ憲兵司令部などが置かれ、基地の治安維持、保全を図るための施設として使用された。面積は一四・五七ha。一九七五年一二月に全面返還され、宅地や公園などが整備された。

※普天間ＡＪキャンプ――キャンプ瑞慶覧の普天間ハウジング（現在の宜野湾市）にあった。米軍の請負ゼネコンであったＡＪ（アトキング・ジョーンズ）社があり、戦車やトラック、ジープなどの集積場になっていた。

しかし、日本の敗戦によって普天間基地はその軍事的目的を失う。戦後しばらくは、普天間基地には滑走路があったがフェンスもなく自由に出入りができた。飛行場を横切って移動もできたし、飛行場内での農作業も容認された。しかし朝鮮戦争を契機にして、五二年に村に基地の再使用が通達され、飛行場の本格的整備が開始される。五三年には滑走路は二四〇〇ｍから二七〇〇ｍに延長され、ナイキ基地も建設された。当初は陸軍が管轄していたが、五七年四月には空軍に、さらに六〇年五月には海兵隊に移管され、六九年一一月からは第一海兵航空団第三六海兵航空群のホーム・ベースとなった。

テレビや新聞などを通して伝えられる現在の辺野古新基地建設「容認派」と呼ばれる人々の苦悩が、六〇年以上前の辺野古や金武町の人々の苦悩と重なるのは筆者だけだろうか。唯一の違いは、反対運動を切り崩す主体が米軍から日本政府に代わったことだけだろう。また、普天間基地は、そもそも「陸戦の法規慣例に関する条約」（ハーグ陸戦法規／一九〇七年）にある「私有財産は之を没収することを得ず」（第四六条）、「略奪は之を厳禁す」（第四七条）に違反して住民から土地を強奪して建設されたものであった。

一九七五年にサイゴンが陥落してベトナム戦争が終結すると、陸軍の沖縄からの撤退とベトナムから沖縄に再配備された海兵隊の強化が進む[21]。岩国からの第一海兵航空団司令部が移駐し、キャンプ瑞慶覧（キャンプ・フォースター）、キャンプ桑江、牧港補給基地（キャンプ・キンザー）などが陸軍から、また伊江島補助飛行場が海軍から海兵隊へ移管されていった。

海兵隊の沖縄駐留は、日本政府がアメリカに望んだものでもあった。沖縄の日本「復帰」直前の一九七二年一〇月、ベトナム戦争への巨額戦費の支出で財政負担に苦しむ米国が沖縄からの海兵隊の撤退を検討していたが、日本政府が海兵隊の駐留維持を米側に求めていたことが明らかになっている。野添文彬《のぞえふみあき》が発見したアメリカの同盟国であるオーストラリア外務省の公文書に、この事実が記されていた。当時、米国防省は沖縄海兵隊をカリフォルニア州サンディエゴのキャンプ・ペンデルトンや韓国に移転させることを検討していたが、七月の日米安全保障条約運用協議会で防衛庁の久保卓也防衛局長が「アジアにおける機動戦力の必要性を踏まえると、米国の海兵隊は維持されるべきだ」と主張し、米国は日本側の財政支援を引き出して海兵隊の駐留を維持する方向へ転換するようになる[22]。

また、クリントン政権下で駐日大使を務めたウォルター・モンデールは、二〇〇四年四月二七日に米国務省付属機関によるインタビューの口述記録で、一九九五年当時、日本政府が沖縄海兵隊の駐留を要望していたことを明らかにしている。この年の一二月に沖縄で海兵隊員らによる少女強かん事件が発生し、米側は海兵隊の沖縄からの撤退も視野に検討を進めていた。モンデールは「数日のうちに、問題は事件だけではなく、米兵は沖縄から撤退すべきかどうか、少なくともプレゼンスを大幅削減すべきかどうか、米兵の起訴に関するガイドラインを変更すべきかどうかといったものにまで及んでいった」が、「彼ら（日本政府）はわれわれ（在沖海兵隊）を沖縄から追い出したくなかった」と指摘し、「日本政府の希望通りの結果となった」と当時を振り返っている[23]。

海兵隊移駐の背景

海兵隊が日本「本土」から沖縄に移駐された理由は、まだ明らかになっていない。山本章子はこの理由について、「極東地域の米軍再編の一環とする説」、「アジア冷戦情勢の影響を指摘する説」、「反基地運動によって日本本土駐留が困難になったと推測する説」に分かれているとし、「しかし、これらの研究は、海兵隊の沖縄移転の決定要因を一つに求められている点で問題がある」と指摘する。そして、朝鮮戦争で膨らんだ軍事予算の削減を目指した米軍の整理統合、朝鮮半島から台湾海峡とインドシナへのアジア冷戦主戦場への移動、日本「本土」・

沖縄での反基地運動の高揚という「複数の政策課題への同時対応を迫られていた同〔アイゼンハワー〕政権において、海兵隊の沖縄移転は、政策間調整の産物であったと考えられるべきであろう」としている。[24]

また、二〇一七年に放映されたNHKスペシャル「スクープドキュメント　沖縄と核」は、海兵隊が沖縄に基地を求めた背景に核兵器があるとした。一九五五年の海兵隊内部文書で同司令官が今後の戦略を示すが、その中で「核兵器の急速な進歩に我々も対応しなければならない」「これからは核兵器で武装し、敵の核攻撃から身を守るのだ」と記されていた。同年に海兵隊は日本「本土」に核ロケット砲「オネストジョン」を配備することを計画する。しかし、第五福竜丸の被爆事件によって広まる反核運動のため、海兵隊は「本土」での核兵器配備を諦めざるを得なかった。そこで海兵隊は、アメリカの統治下にあった沖縄に着目したのである。沖縄には五四年七月に核弾体が配備されてから、同年一二月以降、核弾頭が配備されはじめ、その後、核砲弾（大砲）、短距離・中距離ミサイル、地対空ミサイル、空中発射ミサイル、空対空ミサイル、対潜ロケットなど一七種類の核兵器が、沖縄の日本「本土」復帰を前にした七二年六月にその全部が撤去されるまで配備された。[25] 日本「本土復帰」後も、重大な緊急事態が生じた際には嘉手納などに核兵器を「再持ち込み」するという「密約」が日米で交わされた。[26]

「本土」反基地運動と沖縄

海兵隊の沖縄移駐―基地の集中について、その責任を一九五〇年代にたたかわれた日本「本土」での反基地運動に求める論説がある。「本土」の反基地運動が沖縄の基地拡張の原因のひとつになったことは認めた上でも、筆者はこの論には同意することはできない。当時の反基地運動が、決して「本土」に駐留していた米軍の沖縄への移動を求めたわけではない。そればかりか、沖縄を含めた基地の撤去を求めていたのである。

一九五五年に結成された「全国軍事基地反対連絡会議」の創立大会には沖縄からも出席し、「牢獄の中にいるような沖縄」の現状について報告がなされている。同連絡会議の第二回会合（五五年九月一六〜一七日）でも沖縄からの意見と提案が相次ぎ、反基地運動における「本土」との連携・結合が志向されていった[27]。

一九五六年七月一日には、社会大衆党の安里積千代《あさとつみちよ》委員長、沖縄民主党の新里善福幹事長、翁長助静《おながすけひろ》真和志市長、沖縄教職員会の屋良朝苗会長ら沖縄派遣団を迎えて、大阪中之島公園で「沖縄土地取上反対国民大会」（沖縄土地問題解決促進委員会主催）が開催されている。この集会には約五〇〇〇人が参加し、「われわれは本大会の名で沖縄島民の利益保護のため、積極的交渉を日本政府に要請し、プライズ勧告の不当を米政府に抗議する。さらに党派を越えた国民運動を進め、国連提訴をはじめ全世界の人民、各団体に訴えるなどあらゆる手段で四原則の貫徹を期することを誓う」と決議した[28]。同月四日には、東京でも「沖縄問題解決国民総決起大会」が自民、社会両党など四十余の団体が参加して開催され、約六〇〇〇人が参加し、「われわれは現地の要求に真に応えるために一切の党派、信条、立場を越え、八千万国民が一丸となって目的貫徹に闘い抜く」と宣言した[29]。

大阪ではこの集会の成功を踏まえて、一〇月六日に「沖縄日本復帰大阪連絡協議会」が結成される。会長に人権擁護委員会、副会長に沖縄県人会、事務局長は自民党から選出され、幹事団は社会、共産、自民の三党、労働組合、婦人団体協議会、大阪府学連（大阪府学生自治会連合）などが当たった。事務局業務は大阪基地懇談会が担当した。東京では沖縄連帯の国民的運動の形成に失敗するが、大阪では自民党も含めてその組織化に成功している[30]。

新聞各紙も、沖縄での「島ぐるみ闘争」を住民側の視点で詳しく伝えている。例えば一九五五年一月一四日付『朝日新聞』朝刊は、主張「沖縄民政について訴える」を掲載し、「沖縄島民は、われわれの同胞である。敗戦の結果、アメリカの支配のもとにおかれているが、われわれの同胞である。その同胞が土地の強制借上げ、労賃の人種的差別、基本的人権の侵害などで、文字通り最低の生活さえ営み得ない状態に立至っているということは、日本人の強い関心を呼ばずにはおかない」とし、「すべての人間が人間らしい生活を営むというのが、人類の究極の目標であろう。その意味で、沖縄の実態が、よりよく改善され、沖縄の島民たちに、人間的生活が恵まれることを切望するものである」と訴えている。

また、日本弁護士会も「沖縄問題」の調査に乗り出している。同会人権擁護委員会が調査報告書をまとめ、一九五五年四月三〇日の定例委員会でこの報告書を採択した。ここでは、沖縄での土地取上げに「人権侵害の疑い」を認め、「当委員会は日本全弁護士の名において、日米両政府に善処を要望するとともに、米国法律家協会などに対し調査団の派遣その他世論の喚起を訴える必要がある」とした[31]。日本弁護士連合会は、一五日に米国大統領、米国防・国務省、鳩山首相などに、この報告書を送付している[32]。

まさに沖縄の基地問題は、「本土」の基地問題と結びついた「国民的な政治課題」としてたたかわれていたのである。この日本「本土」―沖縄の声を踏みにじって沖縄での基地建設を推し進めていったのはアメリカ政府―米軍であり、そして日本政府であった。

しかし、明田川融《あきたがわとおる》が指摘するように、「五〇年代半ばから後半にかけての最大の反基地運動であり、本土における反基地運動の象徴とも言える砂川闘争が一定の〝勝利〟を収めたことにより、〔日本「本土」と沖縄の〕反基地運動の連携は弱まり、個別化していった」。また急激な高まりを見せた沖縄の「島ぐるみ闘争」も、硬軟織り交ぜた沈静化対策によって、一九五七年に入ると終息へと向かっていくことになる[33]。ここに五〇年代に日本「本土」と沖縄を貫いてたたかわれた反米軍基地闘争は、いったんは収束していく。

2　拡大する基地被害

海兵隊の移駐と基地被害

海兵隊の沖縄への移駐は、現在まで続く基地被害の拡大でもあった。海兵隊移駐最中の一九五五年九月一〇日の午前零時ごろ、具志川村の民家に侵入した二一歳の海兵隊員が「女を出せ」と脅迫し、家人が隣人に助けを求める間に寝ていた小学二年生の女の子（九歳）を拉致して強かんする事件が発生した。被害者の父親は、「〔海兵隊員は〕少々酔っていたので帰そうとしたが、最初から妻子の傍に近づいて離れぬので、妻と長女を逃した。青年たちを呼びに飛び出したが、S子を連れるのを忘れ慌てて引返したときはどうすることも出来なかった。S子が〃おとう、おとう〃と泣いていた時どうして抱きかかえたか憶えていない。人間のすることではない。気が〔ママ〕狂いそうだ」と新聞に語っている(34)。この事件は、「由美子ちゃん事件※」で揺れていた沖縄に、大きな衝撃を与えた。

※由美子ちゃん事件――一九五五年九月に石川市（現在はうるま市）で発生した六歳の女の子に対する強かん殺人事件。事件発生の二日後、嘉手納基地第二二高射砲大隊第二中隊所属のアイザック・J・ハート軍曹（当時三一歳）が逮捕され、軍法会議で死刑判決が下されるが、減刑されてアメリカに帰国した。

一九五五年九月一二日付『沖縄タイムス』朝刊は、この事件の続報を載せる一方、「各戸の警鐘備えよう　犯罪頻発　防犯に悩む具志川」と題して、「最近、前原署管内で、外人事件が頻発、とくにホワイトビーチ、天願、川崎、登川の各地に、マリン部隊が駐屯して以来、事件は急激に増える一方で、犯行も凶悪化、不安におののくマリン基地周辺の人々は、その防犯に腐心している」と伝えている。

また、沖縄県によると、「復帰後の米軍航空機関連事故等」（二〇一七年一二月末現在）は「固定翼機」六〇七件、「ヘリコプター」一三一件の合計七三八件発生している。「米軍演習による原野火災等」（二〇一七年一二月末現在）は一九七二年から六一三件発生し、三八五二万四四二八㎡が焼失している。このうちキャンプ・ハンセンでは、五一一件の火災が発生し、三六五三万七六㎡が焼失している。また、「米軍構成員等による犯罪検挙状況」（二〇一七年一二月末現在）は、一九七二年から五九六七件、うち「凶悪犯」は五八〇件となっている。「人数」では、五八七九名で、うち「凶悪犯」は七四七名となっている。[35] 復帰前の米軍による犯罪に関する公式な統計は明らかになっていないが、二〇一一年に公開された外務省文書によると、一九六四〜六八年の五年間の米軍人・軍属による犯罪発生件数は五三六七件で、そのうち凶悪犯罪は五〇四件となっている。[36]

海兵隊員による犯罪

沖縄教職員組合委員長や沖縄人権協会理事長などを務め、常に米軍によって被害を受けた側に寄り添い続けた福地曠昭《ふくちひろあき》は、米軍支配下の沖縄で補償要求促進協議会事務局長として二〇〇〇名にも及ぶ米軍被害への補償申請に関わった。二〇一八年に鬼籍に入った福地が記録した海兵隊による犯罪のうち、そのいくつかを見ていきたい。[37] まず何よりも、女性に対する犯罪が目を引く。

● 一九六五年一〇月一日、久志村辺野古のバー街で女給として働いていた二〇歳の女性が、キャンプ・シュワブに駐留する第三海兵師団第三連隊第二中隊G中隊の兵士らに原野に連れ出されて強かんされる。
● 一九六六年七月一九日、金武村でホステスの女性（当時三四歳）が仕事からの帰宅途中に何者かに襲われ、全裸死体となって道路端の下水溝で発見された。

●一九六七年一一月二〇日、金武村でバーホステスの女性（当時二〇歳）が自宅の寝室で前頭部をハンマーのようなもので殴られ殺害された。

このような犯罪のほとんどで、犯人は裁かれることはなかった。福地によると、日本「復帰」前の沖縄での米軍犯罪の検挙率は二三％と低く、迷宮入りも多かった。一九五三年からの統計では、六六年の一四〇七件をピークに六〇年代に米軍犯罪が最も多く、しかもこの時期はベトナム戦争の影響で六五年の六八件、六七年の一二七件、六七年の一〇八件、六八年の一二四件、六九年の一二三件と凶悪事件も多発した。特にこの時期の米兵犯罪の検挙率は、七〇年の二〇・三％を底にして極めて低かった。琉球警察※（民警）は、布令集成刑法（刑法ならびに訴訟手続き法典）で米兵への捜査が制限された。六七年からは軍民捜査機関の捜査共助体制が成立したが、民警には軍地域への立入り捜査や容疑者の取り調べができなかった。米軍側も、犯人がわかると逮捕せずに米本国やベトナムへと送った。また、軍法会議は、各軍の指揮官を議長に、将校六〜九名の判士（陪審員）で構成された。被告米兵の同僚や上司に当たる判士は「無罪」か「有罪」かを決めたが、この陪審員制度では、「身びいき判決」はさけられなかった。

※琉球警察――アメリカ統治下の沖縄で琉球政府が設置した警察組織。一九七一年時点で一二警察署、一九五六人の警察職員を擁した。

一九七一年四月二三日に宜野湾市大山の米海兵航空基地（普天間飛行場）近くの墓地で三三歳の女性の遺体が発見された事件では、三日後に同航空基地勤務のチャールズ・L・ボウズウェル伍長が逮捕され、「強姦罪」と「殺人罪」で起訴された。しかし、第三海兵水陸両用軍司令部の一般軍法会議は、「被害者と起訴されているボウズウェル伍長の血液型は、ともにB型であるので、起訴の罪名の決め手にならない。物的証拠、状況証拠ともきわめてあいまいである」として無罪を宣告した。

一九六三年には、第三海兵師団ジャクソン上等兵の運転するトラックに、横断歩道を青信号で横断中の那覇市上山中学校一年生・国場秀夫君がはねられ、即死する事件が起こった。第三海兵師団は、現場調査に基づいて、ジャクソン上等兵を不注意運転で国場君を殺したとして、「過失致死罪」で特別軍法会議にかけた。この事件に対し、沖縄では厳正な処罰を米軍に求める声が沸き起こった。しかし、軍事裁判でジャクソン上等兵の「信号機の色は太陽の光が後方の建物の壁に反射して識別できなかった」という主張が受け入れられ、無罪が言い渡された。しかも、この事件で被害者遺族に支払われた補償金は、たった三〇〇〇ドルにすぎなかった。

一九七二年五月一五日の日本「復帰」によって、沖縄での米軍犯罪がなくなることはなかった。沖縄では日米安保条約と日米地位協定が適用され、これによって琉球警察を引き継いだ沖縄県警の捜査権、逮捕権は大幅に拡大された。また、裁判権も「本土」と同じになったが、その下でも日米密約や容疑者米兵の身柄拘束などの制約が付きまとった。「復帰」の一九七二年五月一五日から同年八月末までの二カ月半に、一三〇四件もの犯罪が引き起こされた。地検は受理事件のうち一一七件を起訴したが、起訴率は約二〇%でしかなかった。また、日本側で起訴された場合にも、それまでには様々な困難が横たわった。

●一九七二年九月二〇日、金武村のキャンプ・ハンセンでハウス・ボーイとして働いていた三六歳の男性が射殺され、第三海兵師団第四海兵連隊第三大隊L中隊所属の二五歳の兵士が逮捕された。沖縄県警の調べでは、容疑者は基地内の兵舎の廊下で被害者と口論となり、部屋からライフルを持ち出して約三mの至近距離から発砲した。米軍側は日米地位協定一七条五項を盾にして起訴前の容疑者の身柄引き渡しを拒んだ。那覇地検は一〇月三日に容疑者を起訴するが、那覇地裁は翌七三年四月一一日、被告は精神分裂症にかかっており責任能力がないとして無罪を言い渡した。

●一九七五年四月一九日、金武村金武の浜田海岸でキャンプ・ハンセンの第三海兵師団第四連隊第三大隊第一中隊の二一歳の二等兵が、一四歳と一二歳の二名の女子中学生を石で殴り、乱暴する事件が起きた。県警は二〇日に逮捕令状を取り、婦女暴行致傷で容疑者の身柄引き渡しを米軍に求めるが、米軍は地位協定第一七条五項(c)を理由に容疑者引き渡しを拒否した。二八日に那覇地検が那覇地裁に容疑者を起訴して、やっと身柄の拘束が認められた。

●一九七三年、金武村金武のキャンプ・ハンセンで四〇歳のタクシー運転手が刺殺され、NIS（Naval Investigative Service　海軍捜査局）は、容疑者として第三海兵師団第一連隊第二大隊E中隊の一八歳の一等兵と第七通信大隊の二〇歳の二等兵の身柄を拘束した。石川署は二名の逮捕状を取ったが、NISは西銘順治《にしめじゅんじ》知事に「起訴されるまで犯人の身柄は米軍が預かる」と伝えて容疑者引き渡しを拒否した。容疑者は那覇地裁に起訴され、事件発生から三〇日後に身柄は日本側に引き渡された。

海兵隊による演習被害

また、海兵隊による演習被害も、現在まで絶えることがない。東清良『在沖海兵隊特集　砲音絶えない沖縄』(38)によりながら、キャンプ・ハンセン、キャンプ・シュワブでの演習被害を中心に見ていきたい。

一九六〇年ごろまでの海兵隊の演習は、ピストル、ライフル、軽機関銃を使用した通常訓練が主で、その訓練も激しくなかった。六四年七月ごろからは、沖縄で海兵隊による一〇五㎜榴弾砲使用の砲撃演習が本格的に実施されるようになった。当時は一〇五㎜砲が主流であり、金武村中川集落から一五〇ｍしか離れていない場所を発射場にしていたが、第三海兵師団が六五年二月から八月にかけてベトナムへ出動したため、砲撃演習は鳴りを潜めた。第三海兵師団が沖縄に舞い戻ると、六一年から実施していた対ゲリラ戦訓練を再開するとともに、ベトナム戦争で体験し研究されてきた戦術を基に新しい戦闘訓練の実施計画がたてられた。北部演習場内の照首山（一九五m）の山頂を削り取って発射陣地とし、伊武山をその着弾目標とした一〇五㎜榴弾砲の演習場（カシマタ山射撃訓練場）新設となった。建設は七〇年九月に着工され、七一年一月一日にはキャンプ・ヘーグ駐留の砲兵中隊が演習を強行しようとしたが、先述したように、これに反対する住民が新設された発射陣地を占拠して演習を阻止した。北部演習場での演習を断念した米軍は、キャンプ・ハンセンでの演習を強行した。七三年三月までは無通告で砲撃演習が行われたが、沖縄の日本「復帰」後の四月二三日からは県や当該自治体に対して演習実施の報告義務を果たすようになった。一〇五㎜・一五五㎜榴弾砲に加え、迫撃砲や戦車砲などによる演習が行われ、恩納岳や金武岳に砲弾が打ち込まれた。

米軍の砲撃演習は、地域に大きな被害を強いた。県道一〇四号は総延長八・三二㎞の恩納村安富祖から金武村金武を結ぶ本島中央の主幹道路で、重要な県民の生活道だった。しかし、日米合同委員会の合意（一九七二年五月一五日）で、この道路の一部は地位協定による施設及び区域としての提供施設とされ、県道でありながらその使用に関しては「米軍の活動を妨げない範囲で地元による通行が認められる」と米軍使用を優先した管理下におかれることになった。海兵隊の砲撃訓練の際には、この道路の三五〇〇mが封鎖されて一般車輌や歩行者の通行が禁止された。

一九七六年一〇月には、それまで海兵隊の戦車大隊の主砲であったM48バットマンⅢ戦車にかわり、新型のM60A1型戦車が配備された。これにあわせてキャンプ・ハンセンからキャンプ・シュワブにかけて、戦車訓練道が新設された。このため、降雨や戦車通行のたびに沖縄県の水がめである松田ダムをはじめ貯水池に赤土が流れ込み、宜野座村では浄水場にも赤土が流れ込んで一時は水道の使用ができなくなった。同村の海岸一帯にも赤土は流れ込み、漁業に大きな打撃を与えた。

昼夜区別のない砲弾音、民家への流弾、水資源の枯渇、航空機の墜落など、基地被害は多岐にわたる。沖縄の日本「復帰」後から一九七六年末までの間だけでも、次のような海兵隊による演習被害が引き起こされている。

●一九七二年七月二一日、金武村並里を通っている億首川にキャンプ・ハンセンからの廃油や汚水が流れ込み、生物が死滅する。

●一九七二年一〇月四日、金武村安芸、屋嘉《やか》近くに米海兵隊の実弾射撃演習により砲弾が射ち込まれ、火災によって山林約一六万九〇〇〇㎡が焼失する。

●一九七二年一一月二三日、恩納村にある米軍演習場と民間地域の境界が不明確なため演習場内に立入った小学生が、散在していた不発弾をいじっている際に爆弾が突然爆発し、三人が負傷する。

●一九七三年一月一一日、金武村安芸にある米海兵隊の射撃演習場から発射された照明弾が落下して山林に引火し、広範な山林を焼く。火の手は住宅地近くまで迫った。

●一九七三年四月一二日、金武村の海兵隊上陸演習地ブルー・ビーチで金武村の安富祖ウシさん（七三歳）が第三海兵師団第三大隊C中隊のM48A戦車のキャタピラに轢かれ、米軍ヘリで陸軍病院に運ばれる途中で死亡が確認された。

●一九七三年四月一七日、金武村のギンバル訓練場で上陸演習をしていた米兵が付近の農地を踏み荒らし、農作物に被害を与えている。

●一九七四年一月一七日、宜野湾市にある普天間基地所属の海兵隊ヘリコプターが訓練中にエンジン故障をおこし、中城村《なかぐすくそん》当間に不時着。民家や石油貯蔵庫からは約六〇mしか離れていなかった。

●一九七四年七月一八日、山口県岩国基地に所属する海兵隊Ｆ４Ｂファントムが那覇基地で訓練中、ロケット弾発射装置を落下した。二時間後にも同じ事故が起こり、民間機の離発着に大幅な遅れが出た。
●一九七五年三月三一日、名護市辺野古にあるキャンプ・シュワブ弾薬処理場での砲弾爆発処理による爆風で棚の上から物が落下し、三二歳の女性が頭に傷を負う。また保育所入口の戸鍵が壊れるなどの被害が出た。
●一九七五年四月二日、金武村にある米海兵隊の射撃演習地からの出火で山火事となり、火の粉が集落に到達して一〇軒が避難する。
●一九七五年六月二四日、宜野湾市にある普天間基地に駐留している海兵隊ＣＨ46Ｄヘリコプターが、国頭村安波西方のダム建設現場近くで低空飛行の最中に工事用ワイヤーロープに接触して墜落、乗員三人が死亡した。
●一九七五年一二月七日、金武村にあるキャンプ・ハンセンの海兵隊射撃演習で実弾射撃中に砲弾が爆発し、米兵三人死亡、九人が重傷を負った。
●一九七六年一月二二日、金武村にあるキャンプ・ハンセン基地から汚物が流れ出し、近くを流れている億首川の魚類が大量に死ぬ。
●一九七六年二月二六日、金武村にあるキャンプ・ハンセンから八〇kgもある消火器や大石が基地のそばを走る沖縄自動車道路に投げ込まれ、車のフロントガラスや屋根に当たる。
●一九七六年三月九日、嘉手納基地に駐留している海兵隊第一航空団所属のＡ４スカイホークが伊江島射爆場で訓練中にジェット離陸促進装置を落下し、栽培中のキビに被害が出た。
●一九七六年三月二〇日、キャンプ・ハンセンから発射された照明弾二個が、近くを走る自動車道路に落下する。

●一九七六年一一月一六日、キャンプ・ハンセンでの実弾射撃訓練の砲弾が山野に引火し、一七日までの二日間にわたって広範な山林を焼く。
●一九七六年一二月一日、キャンプ・ハンセンでの実射訓練で着弾地の恩納岳から火が上がり、燃え広がって広大な山野を焼き尽くした。

現在までも、沖縄は海兵隊による様々な基地被害に苦しめられ続けている。

3　アメリカの戦争と海兵隊

「侵略殴り込み部隊」海兵隊

ベトナム戦争に抗議して米国務省の外交担当部門を辞任し、以後、ジャーナリストとしてアメリカの不法な戦争を告発し続けるウィリアム・ブルムは、「一九四五年から二十世紀末までに、米国は四〇以上の外国政府転覆をもくろみ、耐えがたく残忍な体制と闘う三〇以上の大衆的民族主義運動を粉砕した。この過程で、米国は何百万人をも殺害し、さらに何百万人をも苦痛で絶望的な生活に追いやった」と指摘している。[39] このようなアメリカの対外戦争の先頭に立ち続けてきたのは、「侵略殴り込み部隊」と形容される海兵隊である。

沖縄―日本に駐留する海兵隊も、次から次へとアジア、そして中東での戦争に参加している。島川雅史によると、ベトナム戦争（一九六五年）を皮切りに、マヤグエス事件（一九七五年）、湾岸戦争（一九九一年）、アフガニスタン戦争（二〇〇一年）、イラク戦争（二〇〇三年）などに派兵されている。[40]

ベトナム戦争と海兵隊

一九六四年八月にトンキン湾事件※をでっち上げ、米ジョンソン政権はベトナムへの本格的な軍事介入に乗り出す。

※トンキン湾事件――一九六四年八月二日、南ベトナムのトンキン湾で米駆逐艦マドックスが北ベトナム軍の攻撃を受け、同月四日にも駆逐艦ターナ・ジョイとマドックスが再度、北ベトナム軍に攻撃されたとする事件。この事件を受けてジョンソン大統領は「アメリカ軍に対する攻撃を避け、さらなる侵略を防ぐために必要なあらゆる手段をとる」権限を与える決議を議会に要請し、圧倒的な支持で「トンキン湾決議」が採択された。しかし、後に当時の国防長官ロバート・マクナマラがこの事件の一部がでっち上げであったことを認めるなどし、一九七〇年にトンキン湾決議は取り消された。

一九六五年、ベトナム戦争の本格的介入の第一次として最初にダナンに上陸したのは、沖縄から出動した第九海兵連隊第三大隊を中核とする部隊であった。第七艦隊の攻撃空母三隻の艦載機が最初の北爆を行った二月七日、沖縄に駐留する第三海兵師団所属の第一軽対空ミサイル大隊所属一個中隊がベトナムへ派遣され、二月一八日までに同大隊のダナン配備が完了した。これが米地上戦闘部隊で南ベトナムに派遣された第一陣であった。二月二二日には、ウェストモーランド南ベトナム司令官がダナン空軍基地防衛のために海兵隊二個大隊の派遣を要請し、二六日にジョンソン大統領はこれを承認した。その後、恒常的北爆（ローリングサンダー作戦）が開始（三月二日）された直後の三月八日、沖縄駐留第三海兵師団所属の第九水陸両用旅団上陸大隊三五〇〇名がダナンに上陸した。この米軍戦闘部隊のダナン派遣を契機に、後続の海兵隊部隊が南ベトナムに送り込まれた。当初、これらの部隊の任務は空軍基地防衛に限定されていたが、四月一日にはジョンソン大統領が基地からの出撃を許可したため、南ベトナム民族解放戦線部隊との交戦も行われるようになった。五月六日には、第三海兵師団がその司令部をダナン空軍基地に移した。この時期には、第九水陸両用旅団が所属する第三海兵水陸両用戦群が作戦を展開するようになった。こうして五月末には、南ベトナムに派兵された海兵隊は、一万六〇〇〇名にのぼった[41]。

一九七一年一月三一日と二月一日、二日にミシガン州デトロイトで「冬の兵士公聴会」は開かれた。二万人以上のベトナム帰還兵と支持者を会員とする「戦争に反対するベトナム帰還兵の会（ＶＶＡＷ：Vietnam Veterans Against the War）」（後に「戦争に反対するベトナム帰還兵・冬の兵士※の会」と名称が変更）がおこなった調査の一つで、ＶＶＡＷの最初の活動の一つだった。この調査は一〇〇人以上の帰還兵と一六人の民間人の証言で構成され、その一部は『ベトナム帰還兵の証言』として日本でも読むことができる[42]。

※冬の兵士――一七七七年、独立戦争においてアメリカ合衆国が敗北の危機に陥ると、革命家トマス・ペインは「夏の兵士と日和見愛国者たちは、この危機を前に身をすくませ、祖国への奉仕から遠ざかるだろう。しかし、今立ち向かう者たちこそ、人びとの敬愛と感謝を受ける資格を得る。専制政治は地獄にも似て容易に克服されることはない。それでも私たちはこの慰めを手にする。闘いが困難であればあるほど、勝利はより輝かしいものとなる」と兵士たちを激励した。この「夏の兵士」と対極にあるものとして、戦争の実態を告発しようとする運動で使われるようになった。

ここには、沖縄からベトナムへと移動した海兵隊に参加する兵士の証言も多くある。一九六五年三月に沖縄のキャンプ瑞慶覧から南ベトナムへ移動した第三海兵師団第九海兵連隊第二大隊Ｆ中隊のウォルター・ヘンドリクソン一等兵は、海兵隊のラオスでの秘密活動について次のように証言している。

私は一九六八年一一月から六九年四月まで現地にいて、ラオスの戦闘で負傷しました。〔略〕われわれの隊にはラオス領内で活動していた狙撃兵部隊が同行していました。わが軍のＬＰＳ―聴音哨所―これは夜間のもので、昼間は見張り哨所ですが、それらはみんなラオス領内にありました。このほか、わが軍はラオス領内を断えずパトロールしていました。わが軍がこの作戦を開始する以前、われわれは―テト攻勢のとき—南ベトナム援助軍司令部の構成部隊にいたのですが、そこからクァンチ省にあるマイロクのあたりに出撃しました。私のいる分隊もそのあたりにいたのです。われわれは北ベトナム軍の哨所に突っ込みました。まちがいなく北ベトナム軍の哨所でした。このときのわれわれの分隊長は先頭に立って指揮をとっていましたが、北ベトナム兵の一人が銃をすてて—この兵は負傷していたのです—「チューホイ、チューホイ〔帰順を意味する〕」と叫んでいました。私の分隊長はただ「射て」とだけ命じたので、かれは射たれて死にました。

一九六六年に沖縄のキャンプ瑞慶覧から南ベトナムに移動した第三海兵師団第三海兵連隊第三戦車大隊B中隊のマイケル・ダムロン兵卒は、次のように証言している。

一九六七年一月われわれはダナンから約三〇マイル〔約四八・二八㎞〕の地点でニューキャッスル作戦に従事しましたが、戦車隊としてのわれわれの役目は—丘の上に戦車と若干の兵士を配置し、一方、さらに何台かの戦車と歩兵が下の渓谷を掃討していました—それでわれわれの任務は、歩兵部隊が丘の上に到着するまでにその一帯に多少の猛砲撃をあびせて壊滅させることでした。われわれは、背のうやライフルを所持したものを見かけないかぎり、発砲はまかりならんと命じられていました。それはまあ文字に書かれた方針で、わが部隊で実際の慣行となっていたのは屍体勘定をつり上げることでした。われわれは殺しを確認するたびに戦車のわき腹に小さな帽子、三角帽を塗りつけたものでした。だから、戦車のわき腹に塗りたくる三角帽をふやすどんなチャンスにも、われわれは発砲しました。ここであげる例の場合には、われわれは五人に発砲したのですが、彼らは武装していなかったので、なにものかを知るすべがありませんでした。

ベトナム戦争で米軍は死体勘定（ボディ・カウント）を重視し、現場では戦果を強調するために女性や赤ん坊までもが殺され、南ベトナム解放民族戦線の兵士としてカウントされた。

また、第三海兵師団がダナンに移動していった後のキャンプ・ハンセンは、ベトナム戦争に参加する海兵隊の「窓口基地」となった[43]。二〇〇九年三月に亡くなるまで、自らのベトナム戦争での体験から反戦・平和を訴え続けたアレン・ネルソンさんも、キャンプ・ハンセンを経由してベトナムへと派兵されていった一人だった[44]。

一九四七年、ニューヨーク生まれのアフリカ系アメリカ人であるネルソンさんは、高校を中退して清掃作業員として働いているときに海兵隊への勧誘を受ける。差別と貧困からの解放を夢見て、六五年、一八歳で海兵隊へ入隊する。三カ月の基礎キャンプの後、沖縄のキャンプ・ハンセンで一カ月の実践的な訓練をおこない、六六年六月にベトナムへ派兵される。沖縄での一カ月間を、「わたしたち若い兵士は沖縄の人々に対して残忍で冷酷でした。荒くれ者とよばれ、獣とおそれられる海兵隊はとくにそうでした」と語っている。

ベトナムでは、第一海兵師団第五連隊第一大隊に配属された。二度目の戦闘で、はじめて人を殺す。その後「女性や子どもたちを数多く殺害」していく。

ヘリコプターは爆音とともに村はずれに着陸し、わたしたちは飛びおり、村におそいかかります。村の男たちが銃をつかんでジャングルにかけこみ、そして激しい銃撃戦が始まると、女性たちもまた子どもの手を引き、あるいはだきかかえ、ジャングルの中へとにげこんでいきます。どれがベトコンで、どれが女性や子どもだなどと見分けている余裕はありません。ジャングルの中で動いている者はすべて撃ち殺すのです。

とにかく、ひとたび攻撃が始まってしまえば、気持ちはとてつもなく高ぶり、自分に対するコントロールを失います。いわばリングに立ったボクサーがゴングの音とともにファイティング・ポーズをとるように、わたしたちは血なまぐさい別の人間になってしまうのです。

ですから、何人でも殺せました。何度でも火を放てました。

そして、実際に、大勢の女性や子どもたち、年寄りたちを、わたしたちは殺すのです。いともたやすく、無感動に、なんのためらいもなく。

ネルソンさんは、戦闘の最中に逃げ込んだ防空壕で、ベトナム人女性の出産に立ち会ったことから戦争に対する考えを変えていく。「ベトナム人もまた人間なのだ、わたしと同じ人間なのだという、ごくごく当たり前の事実」に気付き、人間性を取り戻していく。

イラク戦争・占領と海兵隊

普天間基地に隣接する沖縄国際大学の道路に面した広場には、焼け焦げた木やヘリコプターのローターが削った校舎の壁などが展示されている[45]。二〇〇四年八月一三日、米海兵隊所属のＣＨ53Ｄヘリコプターが沖縄国際大学に墜落し、爆発・炎上した。ヘリ搭乗員三名が重軽傷を負っただけで、幸いにも住民や大学の学生・教職員に人的被害はなかった。しかし、分解したヘリの部品の一部がガラス窓を突き破って住宅の中にまで飛び込み、校舎の建物外壁の一部が損傷し、事務局内にはコンクリート片や割れたガラスなどが散乱した。米軍は、日米地位協定の財産権条項を盾に墜落現場一帯を閉鎖し、大学職員やマスコミの立ち入り、さらには沖縄県警の現場検証すら許さなかった。

一〇月八日に日本政府に提出された米軍の事故報告書は、イラク戦争出撃に向かう強襲揚陸艦にヘリコプターを乗せるために、無理な整備体制が行われていたことが事故の原因であると明らかにした。この年の三月までに第三一海兵遠征部隊の海兵隊員三〇〇〇名とヘリコプター二〇機が、事故後にも二二〇〇名の海兵隊員と二六機のヘリコプターが沖縄からイラクへ派兵されている[46]。

二〇〇三年三月二〇日、アメリカ軍を中心とする「有志連合」は、イラクへの攻撃を開始する。この戦争の口実とされたのは、イラクの大量破壊兵器の開発・保持であったが、後にこれは完全なフィクションであったことが明らかになる。イラク戦争での海兵部隊の指揮は米「本土」の第一海兵遠征軍司令部が担当したが、第三海兵遠征軍の歩兵や航空部隊も大隊や飛行隊単位で出動した。また、〇七年には第三海兵遠征軍の在日各部隊—戦闘強襲大隊、司令部大隊、第一二連隊、第一航空団、第三兵站集団、第三情報大隊—から抽出された計九〇名がハワイの第三連隊第三大隊のイラク派遣に増援されるなど、第一海兵遠征軍の増強部隊として中隊やそれ以下の単位で各個に編合された。ハワイやグアムの駐屯部隊も含めて、第三海兵遠征軍はアフガニスタンとイラクへ、開戦以来延べ一万一五〇〇名以上を派遣している[47]。

米軍兵士たちの反戦運動は、ベトナムからアフガニスタン、イラクへと引き継がれる。二〇〇四年七月二四日、ボストンのファニエルホールで「反戦イラク帰還兵の会（IVAW：Iraq Veterans Against the War）」の結成が発表された。〇八年三月一三日から一六日にかけてメリーランド州シルバースプリング市にある全米労働大学で開催されたIVAWのイベント「冬の兵士　イラクとアフガニスタン　占領の目撃証言」と五月一五日に連邦議会で革新系議員団が主催した「冬の兵士フォーラム」で帰還兵がおこなった証言が一冊にまとめられ、沖縄からイラクへと派兵されていった海兵隊の加害の証言を読むことができる[48]。

キャンプ・シュワブに駐留する第四海兵連隊のマシュー・チルダース伍長（証言時二三歳）は、次のように証言している。

二〇〇三年四月から八月の間、第四海兵連隊第一大隊はヒッラの拳銃工場を占拠していて、私の小隊は拘束したイラク人を監視する任務を負っていました。三人の被拘束者が、一週間ほど私たちの管理下に置かれていました。その一週間、三人は絶えず容赦なく殴られ、屈辱的に扱われ、食料は水を使った嫌がらせを受けました。彼らが海兵隊員に食料と水をくれと頼むと、隊員たちは水を顔にあびせかけてあざけるのです。被拘束者たちは後ろ手にビニール製手錠をかけられ、目隠しをされていました。

隊員たちは彼らに向かって立てと怒鳴りつけ、足を払って顔から倒れるようにしました。被拘束者たちは縛られていたので、なすすべもなく倒れ込みました。また、隊員たちはイラク人にポルノを見せましたが、それは彼らの宗教上、厳しく禁止されているものです。一人の隊員がイラク人の帽子を取るのを見ました。その隊員は帽子を自分のズボンの後ろに突っ込んでそのあたりを拭き、目隠しされたそのイラク人に食べさせようとしました。イラク人は食べ物が欲しくてたまらなかったので、実際に食べようとしました。

この男たちは約一週間、私たちの管理下にありましたが、その間、一度も食事をするのを見ませんでした。彼らの周りに四六時中いたわけではありませんし、現場に私がどれぐらいいたのかもはっきりしませんが、食べたり寝たりするところをまったく見なかったのです。簡易手錠をはめたままの男を手洗いに行かせるために、海兵隊員が連れ出したときのことを覚えています。男はディシュダーシャを着ていたので、手洗いを使うために長い外衣を広げてしゃがもうとしていました。ところが、隊員たちは男の足首をずっと蹴っているのです。足首は血だらけでした。起ち上がって男のやり方で小便をしろと隊員たちは言って、用を足そうとしているあいだ、彼をこづきまわしました。

イラクに二度、派遣されましたが、どちらのときもイラク人に対して、明白で意図的な人間性を剥奪する行為が行われていました。私たちは無数の住宅で家宅捜索を行いました。ほとんどの場合、午前三時などの早朝に出向いて乱入し、半自動や全自動制御の武器を住民の顔に突きつけ、彼らが理解できない言葉で怒鳴りながら、すべての部屋を組織的に捜索しました。情報がどこから出て来たのかわかりませんが、そういう家で何かを見つけたことはほとんどありませんでした。

家から連れ出した人びとを調べているあいだ、隊員たちがライフルの銃口でその人たちを突いたり、性器に一撃を加えたりすることがよくありました。

沖縄国際大学へのヘリ墜落事件を引き起こした第三一海兵遠征部隊は、イラク戦争では交替兵力として二〇〇四年にクウェートに上陸して訓練した後に、ファルージャ地域の基地に配備され、悪名が高い〇四年四月の第一次ファルージャ攻撃、一一月の第二次ファルージャ攻撃に参加している。[49]米軍による包囲が解かれて数日が経った五月一一日にファルージャに入って住民を取材した土井敏邦は、第一次攻撃直後の住民の声を伝えている。[50]

この攻撃でもっとも大きな被害を受けたジュラン地区のアリ・ザーヒさん（三〇歳）は、次のように証言している。当時、アリ家には、アリ一家のほかに父の家族、弟と姉のそれぞれの家族あわせて四家族・三〇人をこえる人がいた。

〔四月六日の〕夜一〇時ごろ、突然、米軍の戦闘機が爆弾を投下したのです。クラスター爆弾でした。隣家にも裏の家にもクラスター爆弾から飛び出した子爆弾が一面に散っていました。私たちが部屋の中に座っていると、爆弾の破片が部屋の中に飛び込んできました。隣の家にいた兄ムハンマドはその爆弾で殺されました。

女性や子どもたちは泣き叫びました。私たちはなんとか女性たちを他の部屋に移そうとしましたが、そのときまたクラスター爆弾が投下されたため、子爆弾が散乱した地面を歩けず、部屋に近づけませんでした。男たちは部屋の前にあったトイレ兼浴室へ駆け込みました。八人は中に入れましたが一人は入り口近くで爆死しました。その近くにまだ血痕が残っています。浴室に駆け込んだ男のうち二人も破片を受けて死にました。〔略〕

爆弾が一時やみ、静かになったので、私たちは女性たちを助けに行こうとしたが、クラスター爆弾のために進めません。そのときです。今度は二発のミサイルが女性や子どもたちのいる部屋の屋根を爆撃しました。一瞬にして天井が、避難していた女性や子どもたちの上に崩れ落ちたのです。中にいたほぼ全員が瓦礫の下敷きになって死亡しました。二〇人です。生き残ったのは、弟の生後六カ月の赤ん坊と幼い息子だけでしたが、その息子も片目を失っていました。

爆撃は一五分ほどで止みました。米軍機が去った後、近所の人々が、殺された家族を瓦礫の中から探し出そうとしました。弟アハマドは片脚が切断され、姉の息子は亡くなっていました。道路際の部屋にいた男たちや隣の弟の家でも死者が出ました。

私の家族で生き残ったのは私だけです。妻と三人の子どもたちは殺されました。弟のモハマドは三人の息子を、弟アハマドは娘一人を殺されました。姉の家族は八人いましたが、全員死にました。子どもは一六人が殺されました。年齢はさまざまでした。アハマドの子どもはまだ赤ん坊でした。大人たちも含めると、私の家で二九人、隣の弟の家で二人、全部で三一人が殺されました。

ファルージャ総合病院のアルハディティ副院長は、住民の犠牲を次のように述べている。

死傷者の多くが頭部や胸部、腹部さらに肢体を負傷していました。とりわけ多くの負傷者が脳の手術が必要でした。ほかには胸部の出血、腕や脚の複雑骨折、さらに火傷も多かったです。おそらく空爆や砲撃、さらに狙撃兵による銃撃などによる負傷と思われますが、正確に見分けることはできませんでした。

この総合病院の集計によれば、二五日間の米軍の攻撃による死者は七三一人、負傷者は二八七四人となっています。その死者のおよそ二五％が子どもで、他の二五％は女性でした。家が攻撃されて負傷した例が圧倒的に多かったからです。

「侵略殴り込み部隊」と形容される海兵隊は、沖縄など駐留した地域に筆舌に尽くしがたい苦痛を強要していった一方で、アメリカの戦争で派兵されたアジアや中東で多くの住民の命を奪い取っていった。基地問題は、沖縄と「本土」の間の差別問題としてだけ語られることが多く、そこから「日本全体で基地を負担しよう」という主張がなされることがある。しかしそこには、日米安保体制の下で在日米軍の標的となってきたアジアや中東の人々の視点が欠落しているのではないだろうか。

（1）沖縄県知事公室基地対策課編『沖縄の米軍基地及び自衛隊基地（統計資料集）平成三〇年三月』（二〇一八年）

（2）筆者の訪問 二〇一六年六月、二〇一七年六月、二〇一八年六月。また各基地の概要は中村重一・大城朝助・林竜二郎・小泉親司『沖縄の米軍基地』（あけぼの出版／二〇一八年）などによる。

（3）『沖縄タイムス』は、一九五七年八月一六日付朝刊、一九五七年一〇月二二日付夕刊などで、このときに沖縄へ移駐してきた海兵隊を「第九連隊」としているが、屋良朝博・川名晋史・齊藤孝祐・野添文彬・山本章子『沖縄と海兵隊　駐留の歴史的展開』（旬報社／二〇一六年）の巻末資料によると、同連隊は一九五四年七月に大阪のキャンプ堺から沖縄のキャンプ・ナプンジャへ、五六年一月にはキャンプ瑞慶覧に移駐している。この時期（五八年八月）に日本「本土」（キャンプ富士）から沖縄に移動したのは第三連隊となっている。

（4）屋良朝博・川名晋史・齊藤孝祐・野添文彬・山本章子『沖縄と海兵隊　駐留の歴史的展開』（旬報社／二〇一六年）巻末資料

（5）一九七六年二月一二日付『沖縄タイムス』夕刊

（6）一九七六年二月二〇日付『沖縄タイムス』中部版

（7）一九七六年二月二三日付『沖縄タイムス』夕刊

（8）一九七六年二月二八日付『沖縄タイムス』夕刊

（9）「タイム誌記者の見た占領下四年後の沖縄」（一九四九年一二月三日付『うるま新報』）

（10）吉次公介『日米安保体制史』（岩波新書／二〇一八年）

（11）琉球政府官房情報課「軍用土地問題の経過」（琉球政府行政主席官房／一九五九年　沖縄公文書館所蔵 資料コード：G80001132B）、平良好利『戦後沖縄と米軍基地　「受容」と「拒絶」のはざまで　1945年～1972年』（法政大学出版局／二〇一二年）

（12）吉浜忍「銃剣とブルドーザー　島ぐるみ闘争」（那覇市歴史博物館編『戦後をたどる―「アメリカ世」から「ヤマト世」へ―『那覇市史 通史編 第3巻（現代史）改題』琉球新報社／二〇〇七年）

（13）「伊佐浜問題の経過」（沖縄県庁文書「軍用地問題に関する資料」沖縄公文書館所蔵 資料コード：61819）

（14）阿波根昌鴻『米軍と農民　沖縄県伊江島』（岩波新書／一九七三年）

（15）琉球政府官房情報課 前掲書

（16）瀬長亀次郎『民族の悲劇　沖縄県民の抵抗』（新日本出版社／二〇一三年）

（17）キャンプ・シュワブと辺野古弾薬庫の建設の経過は、辺野古区編纂委員会編『辺野古誌』（辺野古区事務所／一九九八年）による。

(18)キャンプ・ハンセンの建設の経過は、『金武町と基地』(沖縄県金武町企画開発課/一九九一年)による。
(19)北部演習場の歴史は、国頭村役所編『国頭村史』(一九六七年)、国頭村史「くんじゃん」編さん委員会編『村制施行百周年記念』(国頭村役場/二〇一六年)による。
(20)普天間基地の歴史は、以下による。宜野湾市史編集委員会編『宜野湾市史 第一巻 通史編』(宜野湾市教育委員会/一九九四年)、沖縄県宜野湾市教育委員会文化課『宜野湾市史 第八巻 資料編七 戦後資料編I 戦後初期の宜野湾(資料編)』(二〇〇八年)、沖縄県宜野湾市教育委員会文化課編『宜野湾 戦後のはじまり』(二〇〇九年)
(21)野添文彬『沖縄返還後の日米安保 米軍基地をめぐる相克』(吉川弘文館/二〇一六年)
(22)二〇一三年一一月八日付『沖縄タイムス』朝刊
(23)二〇一四年九月一三日付『沖縄タイムス』朝刊
(24)山本章子「一九五〇年代における海兵隊の沖縄移転」(屋良朝博・川名晋史・齊藤孝祐・野添文彬・山本章子 前掲書)
(25)林博史『米軍基地の歴史 世界ネットワークの形成と展開』(吉川弘文館/二〇一二年)
(26)有識者委員会「いわゆる『密約』問題に関する有識者報告書」(二〇一〇年三月)
(27)明田川融『沖縄基地問題の歴史 非武の島、戦の島』(みすず書房/二〇〇八年)
(28)一九五六年七月一日付『朝日新聞』大阪本社・夕刊
(29)一九五六年七月四日付『朝日新聞』大阪本社・夕刊
(30)佐藤公次編著『米軍政管理と平和運動 補強第二版』(せせらぎ出版/一九八八年)
(31)一九五五年五月一日付『朝日新聞』大阪本社・朝刊
(32)一九五五年六月一六日付『朝日新聞』大阪本社・朝刊
(33)明田川融 前掲書
(34)一九五五年九月一一日付『沖縄タイムス』夕刊、一九五五年九月一二日付『沖縄タイムス』朝刊
(35)沖縄県知事公室基地対策課編 前掲書
(36)『琉球新報』ウェブ版 二〇一六年五月二〇日
(37)福地曠昭『米軍基地犯罪 いまも続く沖縄の悲しみと怒り』(労働教育センター/一九九二年)

(38) 東清良『在沖海兵隊特集　砲音絶えない沖縄』(軍事力研究啓発所／一九七九年)
(39) ウィリアム・ブルム著／益岡賢訳『アメリカの国家犯罪全書』(作品社／二〇〇三年)
(40) 島川雅史『アメリカの戦争と日米安保体制　在日米軍と日本の役割』(社会評論社／二〇一一年)
(41) 藤本博「ヴェトナム戦争と在日米軍・米軍基地」(藤本博・島川雅史編著『アメリカの戦争と在日米軍　日米安保体制の歴史』社会評論社／二〇〇三年)
(42) 陸井三郎訳・編『ベトナム帰還兵の証言』(岩波新書／一九七三年)
(43) 一九六六年一〇月二四日付『沖縄タイムス』朝刊
(44) アレン・ネルソン『「ネルソンさん、あなたは人を殺しましたか?」ベトナム帰還兵が語る「ほんとうの戦争」』(講談社／二〇〇四年)、アレル・ネルソン『戦場で心が壊れて　元海兵隊員の証言』(新日本出版社／二〇〇六年)——以下、ネルソンさんのベトナム戦争の体験は同書による。
(45) 筆者訪問　二〇一七年六月
(46) 伊波洋一・永井浩『沖縄基地とイラク戦争　米軍ヘリ墜落事故の深層』(岩波ブックレット／二〇〇五年)
(47) 島川雅史　前掲書
(48) 反戦イラク帰還兵の会／アーロン・グランツ編　TUP訳『冬の兵士　イラク・アフガン帰還米兵が語る戦場の真実』(岩波書店／二〇〇九年)
(49) 島川雅史　前掲書
(50) 土井敏邦『米軍はイラクで何をしたのか　ファルージャと刑務所での証言から』(岩波ブックレット／二〇〇四年)

終章　日米安保体制の強化の中で

二〇一九年二月─饗庭野演習場

断続的に雨を落とす雲の中から突然プロペラ音が聞こえてくると、西の方角から二機のオスプレイが姿を現わした。山の合間に見え隠れしながら、饗庭野《あいばの》演習場へと降下していく。悪天で視界が悪かったが、素人でもその特異な姿からすぐにオスプレイだと判別ができる。

二〇一九年二月四日から一五日まで陸上自衛隊饗庭野演習場で日米合同演習「フォレストライト02」が行われ、陸上自衛隊第三師団第七普通科連隊基幹（約六〇〇名）と第三海兵師団第四海兵連隊第二―二三大隊基幹（約二三〇名）・第三一海兵機動展開部隊（約一一〇名）が参加した。この演習には合計四機のMV22オスプレイが参加し、沖縄の普天間《ふてんま》基地から三重県伊勢市の陸上自衛隊明野基地を経て饗庭野演習場に飛来した。演習初日、「あいば野平和運動連絡会」の呼びかける陸上自衛隊今津駐屯地への抗議申し入れ行動とオスプレイ監視行動に参加した。筆者が参加したオスプレイ監視行動は、演習場の北側に位置する高島市今津町の小高い台地で行われた。

「フォレストライト02」は、二〇一六年九月に日米合同委員会で合意した沖縄の「負担軽減」のため、オスプレイなどの訓練の移転の一環として実施されている。オスプレイの訓練移転は今回で国内六回、グアム一回の計七回目になる。一九八六年からはじまった饗庭野演習場での日米合同演習は今回で一六回目、オスプレイの参加は一三年以来、二回目になる。

しかし、これは「沖縄の負担軽減」などではありえなかった。この日、沖縄県嘉手納《かでな》基地では、横田基地に配備されている四機の米空軍特殊作戦機CV22オスプレイが飛来し、嘉手納町によると最大で八二・八デシベルの騒音を周辺地域にまき散らした。オスプレイはその後、タイの多国間合同軍事演習コブラゴールドに参加し、再び嘉手納基地を経由して横田基地に帰投した。(1)

進む日本全土での沖縄化

「沖縄の負担軽減」という口実を利用しながら、日本全土での日米安保体制の強化が進んでいる。

一九九六年の沖縄での海兵隊員らによる女子児童への拉致・集団強かん事件を契機として日米両政府が設置したSACO（沖縄における施設及び区域に関する日米特別行動委員会）が九六年一二月に公表した「最終報告」で、キャンプ・ハンセンでの海兵隊による県道一〇四号線越え実弾射撃訓練（第六章参照）を「本土」に分散・移転することが打ち出され、同年八月に外務省と防衛施設庁は「県道一〇四号線越え実弾射撃訓練の分散・実施について」で「実弾射撃訓練実施演習場」として矢臼別《やうすべつ》演習場（北海道）、王城寺原演習場（宮城県）、東富士演習場、北富士演習場、日出生台《ひじゅうだい》演習場（大分県）をあげた。そして、九七年七月三日から七日間にわたって行われた北富士演習場を皮切りに、日本「本土」での実弾射撃訓練が実施された。

陸上自衛隊矢臼別演習場で行われた沖縄海兵隊の実弾砲撃演習の様子を、日本共産党別海町議（当時）の吉野宮子は、次のように報告している。(2)

九七年、初めて矢臼別演習場でアメリカ海兵隊の実弾砲撃演習がおこなわれました。このときも演習場の中に住む川瀬さん※たちを孤立させてはならないと、夫たちは矢臼別の拠点になっているD型ハウスに泊まり込み、監視活動に入り、演習のすべてを記録しました。新婦人の仲間たちは当番で食事づくりなどをしました。以来、二〇〇〇年までに四回の米軍の演習がおこなわれましたが、そのつど海兵隊がやってくる飛行機、装備などの陸揚げ、砲弾の数、その種類―すべてを監視、記録し、全国へ発信してきました。

そのなかから、日米の軍隊の一体化が進んでいることを実感しました。弾薬庫を米軍と自衛隊が共有していたり、着弾の観察を日米共同でおこなっていることもわかりました。また、米軍は交通、運送に民間業者をつかい、病院への協力をとりつけ、「ボランティア」と称して老人ホームや公園、神社にまでかけつけて慰問や清掃をしたりして、住民・地域にたいする米軍の〝馴らし作戦〟が強化されています。

「周辺事態法」の発動を想定して、自衛隊、自治体をまきこんだ救助訓練がおこなわれたり、民間の輸送業者をフルに動員、部隊の撤収には定期航空便を利用し、一般客と米兵が混乗するということもおきています。また、移転訓練は、町そのものの姿や財政にも影響をあたえています。町当局は、海兵隊受け入れの条件として、周辺農家の移転補償、防音工事、牧柵（さく）設置などを政府に求めましたが、そこから離農に拍車がかかり、川瀬さんの土地に通ずる周辺農家十五戸やその他の地域にも広がっています。また、演習の受け入れとひきかえのＳＡＣＯ（沖縄に関する日米特別委員会〔略称〕）特別予算によって、立派な建物は次々と建てられたが、その維持経費は町財政に重くのしかかっています。〔略〕

※川瀬氾二――一九二六～二〇〇九年。岐阜県出身。二六歳で北海道の矢臼別に入植したが、間もなく自衛隊演習場が開設される。周囲の農家が次々と離農する中で「反戦地主」として演習場の中にとどまり、反戦平和を訴え続けた。

日本外務省、防衛施設庁が連名で発表した文書「県道一〇四号線越え実弾射撃訓練の分散・実施について」では、「移転される訓練は、現在キャンプ・ハンセンで実施されている訓練と同質・同量の訓練とする」というものだった。しかし、各地で実施された移転訓練では、当初示された移転条件にない訓練が実施されていった。夜間演習は五年間で九九日にも及び、一〇日以内とされた訓練期間も三〇日以上にもなった。また地理的制約から沖縄では実施不可能であった砲座移転など機動作戦に対応する演習も実施されるようになった。このために日本政府は総額八二五億円を負担し、海兵隊員や武器・弾薬の輸送には自衛隊ばかりか船舶や運送など民間業者が動員された(3)。

沖縄では銃砲の実弾射撃訓練はなくなったが、海兵隊歩兵部隊の演習が激化し、迫撃砲、対戦車ロケット砲、てき弾筒、機関銃、ライフル銃などの実弾射撃による山火事が頻発した。訓練が日本「本土」に移転された九七年には、五四〇haと「復帰」以来最大面積が焼失している(4)。

沖縄と日本「本土」の別なく、日米安保体制の強化は進められている。これは県道一〇四号線越え実弾射撃演習の日本「本土」への移転だけではない。海兵隊だけでも、その動きは広範囲にわたっている。

米軍は二〇一二年から一三年にかけて、普天間基地に海兵隊オスプレイMV22を二四機、さらに一八年には空軍オスプレイCV22を横田基地に五機配備した。MV22は岩国基地を日本「本土」へ飛来する際の中継拠点にし、さらにMV22、CV22ともに東富士演習場、北富士演習場で訓練を繰り返し、その際には厚木基地が中継地となっている。また、CV22は、三沢対地射撃場（青森県）でも定期的に訓練を行っている。航空自衛隊木更津《きさらづ》基地（千葉県木更津市）には、一七年一月にオスプレイの整備拠点が開所し、東京湾上空で試験飛行が行われている(5)。

オスプレイは、日本の上空を縦横無尽に飛び回っている。回転翼軸の角度を変更し固定翼機とヘリコプターの特性を併せ持つオスプレイは、ヘリモード（エンジンナセルが機体に対して垂直）での飛行中に墜落事故が相次いだことから、一七年一二月九日の日米合同委員会で「運用上必要な場合」を除き、米軍の施設・区域内でのみヘリモードで飛行すると合意されていた。しかし、全国各地では、危険なヘリモードで飛行するオスプレイの姿が確認されている。[6]

オスプレイの民間空港への緊急着陸もくり返され、ＭＶ22は二〇一七年六月、一八年四月と八月に奄美空港（鹿児島県奄美市）に、一七年八月に大分空港（大分県国東《くにさき》市）に、ＣＶ22は一八年六月に奄美空港に緊急着陸している。一九年四月一日にも岩国基地から厚木基地に向かっていたＭＶ22が緊急事態を宣言し、大阪国際空港（伊丹空港）に緊急着陸している。この影響で、滑走路が二〇分間閉鎖され、同空港発着の計七便に最大で一九分の遅れが出た。[7]

二〇一八年四月には、九州各地で海兵隊機の緊急着陸が相次いだ。一八日午後一時一七分ごろ、熊本空港（熊本県益城町《ましきまち》）に普天間基地所属の海兵隊ＵＨ１Ｙ汎用ヘリコプターとＡＨ１Ｚ攻撃ヘリコプターが、[8]二四日には前年一月から岩国基地への配備がはじまり三月からは米海軍佐世保基地配備の強襲揚陸艦ワスプでの本格運用を開始していた海兵隊Ｆ35ＢライトニングⅡ戦闘機が、航空自衛隊築城《ついき》基地（福岡県築上町・みやこ町）に緊急着陸した。[9]一八年四月二五日午後四時三二分ごろと午後五時にも、奄美空港に普天間基地所属のＭＶ22オスプレイ二機が相次いで緊急着陸している（前述）。[10]

二〇一八年五月二七日付『しんぶん赤旗』は、二〇一八年四月に相次いだこの海兵隊機の緊急着陸の背景には、五月二一日のキャンプ・ハンセンに司令部を置く第三一海兵遠征部隊歩兵部隊の交代があると指摘する。これは六月からの新たな作戦展開に向けての交代で、第三一海兵遠征部隊の主力の大隊揚陸団（約一二〇〇名）が第一海兵連隊第一大隊（ハワイ）から第五海兵連隊第二大隊（カリフォルニア州）に交代したが、その準備期間中の四月に緊急着陸が頻発した。

九州では、二〇一八年一〇月二四日の日米合同委員会で、航空自衛隊築城基地、新田原《にゅうたばる》基地（宮崎県新富町）に米軍の武器弾薬庫や戦闘機の駐機場などを整備することが合意された。合意は、普天間基地の「能力を代替」

するとして、「緊急時」にそれぞれ戦闘機一二機程度、輸送機一機程度、米兵約二〇〇名の受け入れを想定している。[11] 一三年四月に普天間基地の返還条件として日米両政府が合意した八項目に、「普天間飛行場のキャンプ・シュワブへの移転」などと共に、「必要に応じた飛行場能力の代替に関連する航空自衛隊新田原基地・築城基地の緊急時の使用のために施設整備」が含まれていた。

また長崎県の佐世保湾では、二〇一七年一一月以降、米海軍横瀬駐機場（西海市《さいかい》）に配備されているエアクッション型揚陸艦（LCAC：Landing Craft Air Cushion）による夜間航行訓練が強行され、地元は深刻な騒音被害に襲われた。騒音は、最大で「騒々しい工場」並みの九〇デシベル超を測定した。西海市と国は「夜間の航行は行わないように米軍と調整する」と協定を結んでいたが、この協定を無視して夜間航行訓練は強行された。[12]

横田基地（東京都多摩地区五市一町）では、二〇一二年一月一〇日に横田基地配備の米空軍C130輸送機六機から米陸軍兵士約一〇〇名が降下してから、沖縄海兵隊や陸・空軍の大規模パラシュート降下訓練が頻繁に実施されている。一八年四月八日から九日に実施された訓練では、羽村市立羽村第三中学校のテニスコートにパラシュートが落下する事故も起きている。[13]

一方で、演習などの「本土」への移転で「負担軽減」がなされたはずの沖縄でも、基地の強化が進んでいる。海兵隊普天間基地では、同基地所属以外の外来機の離着陸回数が二〇一七年度から一八年度にかけて四・二倍になったことが、防衛省沖縄防衛局の調査で明らかになっている。一八年度の普天間基地への全機種の離着陸回数は一万六三三二回に達し、一七年度の一万三五八一回から二割増し、うち外来機が一八年度は一七五六回と一七年度四一五回から激増している。特にKC130空中給油機（一七五回）、F35B（六〇回）、FA18（九〇回）など、岩国基地所属機の離着陸が目立っている。また、日米合意で制限されているはずの午後一〇時から翌朝六時までの離着陸回数も、一七年度の五六六回から一八年度の六一八回へと増えている。このため、宜野湾市への騒音などに対する一八年度の苦情電話は六八四件に達し、前年度から一・五倍に増加した[14]。

中国や朝鮮民主主義人民共和国の脅威を煽る安倍政権の下で、「沖縄の負担軽減」を口実としながら、沖縄を含む日本全土で日米安保体制の強化が急速に進みつつある。

日本は沖縄に向き合えるのか

一九五〇年代以降、日本「本土」にあった米軍基地は縮小されていき、日米安保体制の矛盾は沖縄をはじめとする一部の地域に押し付けられていった。五〇年代反基地運動―六〇年安保闘争―ベトナム反戦運動などがたたかわれながらも、基地被害から「解放」された多くの日本「本土」の人々は日米安保体制を徐々に受け入れていき、アメリカは極東に軍事拠点を確保し続け、アジアや中東での侵略戦争を遂行していくことができた。

「日本人は醜い―沖縄に関して、私はこう断言することができる」――沖縄の「本土復帰」に揺れる一九六八年にこのように断じた大田昌秀は、沖縄県知事を退任し参議院議員として活動中の二〇〇〇年に次のように述べる[15]。

日本は、形の上では民主制度をとっている。そして民主政治の名において、多数決ですべてのことを決めている。そのような制度下で現在、国会の構成員は、衆参合わせて七五二人、そのうち、沖縄代表はたったの八人。圧倒的多数を占める他の都道府県選出の国会議員が、真に沖縄の問題をみずからの問題として取り組んでくれない限り、基地問題をはじめとする沖縄問題の解決は、およそ至難の業だ。ろくに少数派の問題について顧慮することもなく多数決ですべてが決まる結果、沖縄は民主主義の名において、いつまでも犠牲を強いられる事態がすでに構造化しているのだ。

しかし、一九八九年にはじまる冷戦の終結は、沖縄に基地を押し付けて成立していた日米安保体制の矛盾を暴き出した。翁長雄志《おながたけし》は、「オール沖縄」の成立について、次のように述べている。(16)

沖縄県内では戦後、日米両政府に押し付けられた基地を挟んで保守と革新に分かれ、「生活と経済」対「平和の尊厳」の激しい二極闘争をずっと繰り返してきました。

私は保守の政治家一家に育ったため、基地をめぐり親戚や隣近所がいがみ合う様子を子どものころから見せつけられてきました。小学生のとき将来政治家になることを決意して成長するに従い、「沖縄県の心が二つに割れていたのでは沖縄問題は何も解決しない。いつか県民の心を一つにしていきたい」との思いが強くなり、その志はぶれることなく、ひたすら政治の道を歩んできました。

那覇市議、沖縄県議を経て、二〇〇〇年に念願の那覇市長になりました。その間、世界では冷戦体制が終わりを告げ、日本でも五五年体制に終止符が打たれました。

激動する時代に伴って、保守か革新かというイデオロギー闘争を乗り越え、沖縄県民としての誇りと尊厳を軸に県民が一つになる機運が高まってきたのです。

戦後七〇年、沖縄一県に基地を押し付け、その体制を今後も維持しようとしている状況はもはや許されません。

私は政治家生命を賭けて知事選に臨み、「辺野古に基地をつくらせない」という一点で保守と革新の両陣営を一つに結び付け、「イデオロギーよりアイデンティティ」「オール沖縄」を訴えて、県民の大きな支持を得ました。

沖縄では初めての出来事であり、歴史の新しい一ページが開かれたのです。

沖縄にその矛盾を押し付けて成り立っていた日米安保体制は、今、大きな曲がり角にさしかかっている。日米安保体制が日本全土で急速に強化されていく中で、日本社会は沖縄からの問いかけにどのように向き合い、答えるべきなのだろうか。もうこれ以上、目をそむけることは許されない。

(1) 二〇一九年二月六日付『しんぶん赤旗』、二〇一九年三月一八日付『しんぶん赤旗』
(2) 吉野宮子「基地被害のないふるさとを　海兵隊の演習移転を告白しつづけて―自衛隊矢臼別演習場―」(日本共産党中央委員会『女性のひろば』№267／二〇〇一年五月号)
(3) 吉岡吉典・染谷正國・日野徹子・篠原常一郎・岩本秀樹「国民をいつわり米軍基地の再編・機能強化をすすめるSACO決定」二〇〇二年五月二十日(日本平和委員会『平和運動』№390／二〇〇二年一一月号〜№393／二〇〇三年二月号)
(4) 同右
(5) 二〇一九年三月一八日付『しんぶん赤旗』
(6) 二〇一九年三月一八日付『しんぶん赤旗』
(7) 二〇一九年四月二日付『しんぶん赤旗』、二〇一九年四月二日付『毎日新聞』朝刊
(8) 二〇一八年四月一九日付『朝日新聞』朝刊
(9) 二〇一八年四月二五日付『しんぶん赤旗』
(10) 二〇一八年四月二六日付『しんぶん赤旗』
(11) 二〇一八年一〇月二六日付『しんぶん赤旗』、二〇一八年一〇月二五日付『朝日新聞』朝刊
(12) 二〇一八年五月三日付『しんぶん赤旗』、二〇一八年五月一三日付『朝日新聞』朝刊、二〇一八年四月一〇日付『毎日新聞』朝刊

(13) 二〇一九年一月二三日付『しんぶん赤旗』など
(14) 二〇一九年四月二六日付『しんぶん赤旗』、二〇一九年四月二八日付『朝日新聞』朝刊
(15) 大田昌秀『醜い日本人　日本の沖縄意識』(岩波現代文庫／二〇〇〇年)
(16) 翁長雄志『戦う民意』(角川書店／二〇一五年)

【表１―１】駐留海兵隊員による犯罪一覧（1953年８月～1955年６月）

年月日	所属	発生場所	種　類	内　容	起訴
1953/8/15	横須賀	横須賀市汐入町	強盗傷害	タクシーに乗車した海兵隊員が運転手の顔を殴って料金200円を踏み倒す	権利なし
1953/8/24	奈　良	奈良市佐保田町	不法侵入	海兵隊員が「ムスメ、ムスメ」と叫びながら民家に侵入し警察に撤去させられる	権利なし
1953/8/25	奈　良	奈良市高畑町	不法侵入	拳銃を持った海兵隊員が国立奈良病院に数回侵入し、「パンパン・ハウスに案内せよ」と要求	権利なし
1953/9/6	奈　良	大阪市阿倍野区旭町	強盗	タクシー乗車中の海兵隊員２名が運転手の首を紐でしめ、料金130円を踏み倒して逃亡	権利なし
1953/9/8	奈　良	京都市東山区	強盗	２名の海兵隊員が旅館に侵入し、暴れて現金137円、小切手3500円などを強奪	権利なし
1953/9/9	岐　阜	岐阜県稲葉郡那加町東那加町	器物破損	酒に酔った４名の海兵隊員がガラス店のガラスを次々と割り、駆け付けた警官と乱闘となり警官が発砲	権利なし
1953/9/9	岐　阜	岐阜県稲葉郡那加町	器物破損・窃盗	酒に酔った海兵隊員がビヤホールの花輪や提灯を壊し、トイレのスリッパを盗む	権利なし
1953/9/9	岐　阜	岐阜県稲葉郡那加町	傷害・器物破損	酒に酔った４名の海兵隊員が女性店主の腕をねじ上げ、便所のベニヤ板や灰皿を壊す	権利なし
1953/9/11	奈　良	京都市東山区祇園町	器物破損	旅館に宿泊中の２名の海兵隊員が旅館の屋根に上り、隣家の天窓などを破損	権利なし
1953/9/13	岐　阜	名古屋市港区港本町	窃盗	海兵隊の制服を着た米兵２名がズボンの修理を頼み、その間に店員の腕時計２個を盗む	権利なし
1953/9/15	伊　丹	大阪市北区	無賃乗車	海兵隊員２名が梅田の阪急前でタクシー料金200円を踏み倒して逃走	権利なし
1953/10/3	岐　阜	名古屋市千種区	無賃乗車	３名の海兵隊員がタクシー料金460円を踏み倒して逃走	権利なし

1953/10/11	奈　良	大阪府南河内郡国分町	強盗	タクシー乗車中の２名の海兵隊員がジャックナイフで運転手を脅しタクシーを強奪	権利なし
1953/10/13	奈　良	奈良市油坂町	窃盗	２名の海兵隊員が運転手の隙を見てタクシーを乗り逃げ	権利なし
1953/10/16	大久保	京都市下京区若宮通新花町	強盗傷害	タクシーに乗車中の２名の海兵隊員が運転手を殴り、料金を踏み倒して逃げる	権利なし
1953/10/18	奈　良	奈良市毘沙門町	窃盗	５名の海兵隊員がポケットウィスキーを購入する隙に210円相当の酒を盗む	権利なし
1953/10/28	奈　良	奈良市綿町	強かん	海兵隊一等兵が道路を通行中の女性をトラックに連れ込み強かんする	権利なし
1953/10/29	横須賀	横須賀市汐入町	暴行	海兵隊伍長が帰宅中のダンサーの女性の髪の毛を引っ張り首を絞める	
1953/11/2	奈　良	奈良市西木辻十三軒町	器物破損	酒に酔った海兵隊員が板塀を壊して民家の中庭に侵入	
1953/11/3	奈　良	奈良市法華寺キャンプ前	強盗傷害	３名の海兵隊員がタクシー運転手を殴り、料金370円を踏み倒してキャンプ内に逃げ込む	
1953/11/11	厚　木	横浜市中区山下町	発砲	海兵隊上等兵がバーで酔って天井に向けてピストルを発射する	
1953/11/15	北富士	山梨県南都留郡忍野村忍草	窃盗	２名の海兵隊員が靴店から軍用編上げ靴を盗む	
1953/11/17	信太山	大阪市阿倍野区	傷害	タクシーに乗車した海兵隊員が運転手を殴り５日間の怪我を負わす	
1953/12/5	大久保	京都府宇治市大久保町	傷害	22歳の海兵隊員が飲食店で接客婦を殴り全治10日の傷を負わす	
1953/12/8	奈　良	奈良市鶴福院町	傷害	海兵隊員がカフェーで暴れ、経営者を殴って全治１週間の傷を負わせる	
1953/12/19	北富士	山梨県キャンプマクネア入口	強盗傷害	２名の海兵隊員が乗車したタクシー運転手を殴って料金500円を踏み倒す	
1953/12/20	奈　良	奈良市法華寺町	無賃乗車	米軍キャンプ前で海兵隊員がタクシー料金540円を踏み倒してキャンプ内に逃げ込む	

1953/12/24	奈　良	奈良市油坂町	窃盗	５名の海兵隊員がホテル前で運転手に女を捜させている間にタクシーを乗り逃げ	
1953/12/24	奈　良	奈良市清水町	窃盗	２名の海兵隊員が運転手に女の世話を頼んでいる間にタクシーを乗り逃げ	
1953/12/24	岐　阜	岐阜県稲葉郡那加町日の出町	窃盗	21歳の海兵隊員が酒屋からウィスキー３本・時価1200円相当を盗む	
1953/12/26	岐　阜	名古屋市中村区名楽町	器物破損	飲食店で２名の海兵隊員が暴れ、店の電球と提灯、隣家のベニヤ板などを破壊	
1953/12/26	岐　阜	岐阜県稲葉郡那加町楠町	暴行	ビヤホールで21歳の海兵隊員が他の客２名に暴行	
1954/1/10	奈　良	京都市下京区	強盗傷害	タクシーに乗車した３名の海兵隊員が運転手の首をしめて売上金約6000円を強奪	起訴
1954/1/17	岐　阜	岐阜県稲葉郡那加町門前町	詐欺	２名の海兵隊員が自転車販売店から自転車２台を詐取	
1954/1/23	奈　良	奈良市三条川崎町	器物破損	２名の海兵隊員が酒に酔って暴れ、ガラス戸を破るなどした	
1954/1/31	大久保	京都府宇治市広野町	交通事故	36歳の海兵隊員が乗用車で２歳の女の子をはね死亡させる	
1954/1/31	岐　阜	岐阜市柳ヶ瀬町	器物破損	２名の海兵隊員が旅館に女性を呼んだが、女性が帰ったために怒り出し、旅館の電話機を壊して逃走	
1954/2/3	岐　阜	岐阜市日の出町	傷害	カフェで喧嘩をはじめた２名の海兵隊員が、仲裁に入った日本人客を殴る	
1954/2/6	奈　良	奈良市	器物破損	酒に酔った海兵隊員が民家の表戸を叩き壊す	
1954/2/9	東富士	静岡県駿東郡原里村	強盗	キャンプからタクシーに乗った海兵隊員３名が1400円を強奪してタクシーを奪って逃走	起訴
1954/2/10	奈　良	奈良市法華寺町	強かん	米軍キャンプ内のトイレでPXで働く女性が海兵隊員に強かんされる	
1954/2/14	奈　良	奈良市	脱走	19歳の海兵隊一等兵が兵舎からピストルを持って脱走、16日に逮捕される	

1954/2/14	東富士	静岡県駿東郡富士岡村	脱走	キャンプ内の拘置所に収監中の海兵隊員２名が脱走	
1954/2/20	大久保	京都府宇治市大久保町	強かん	朝鮮戦争から帰還した20歳の海兵隊員が10歳の女の子を強かんする	起訴
1954/2/20	岐　阜	岐阜県稲葉郡那加町門前町	器物破損	２名の海兵隊員がビヤホールで他の米兵と乱闘となり、ビール瓶、机、いす、ガラスなどを破損	
1954/2/21	厚　木	神奈川県大和町上草柳	傷害	キャバレーで遊んでいた４名の海兵隊が女給らを連れ出して暴行を加える	
1954/3/7	岐　阜	岐阜県稲葉郡那加町門前町	窃盗	３名の海兵隊員が２件の土産物店から、ナイト・コート、ジャケット、つり道具などを盗む	
1954/3/9	岐　阜	岐阜県稲葉郡那加町元町	器物破損	ビヤホールで飲食中の海兵隊員が暴れだし、店のレコード、周辺の民家のガラス戸などを次々と破壊	
1954/3/25	信太山	岐阜羽島駅付近列車内	窃盗	東京へ向かう途中の海兵隊員が現金12万円の入ったボストンバックを盗む	
1954/3/30	岐　阜	岐阜市神田町	器物破損	カフェで泥酔した22歳の海兵隊員が暴れだし、店のスタンドやグラスなどを破壊	
1954/4/1	岐　阜	岐阜県稲葉郡那加町	強盗致傷	２名の海兵隊員が路上で輪タク運転手を殴り、金品を強奪して逃走	起訴
1954/4/2	岐　阜	岐阜県稲葉郡那加町西野町	器物破損	２名の海兵隊員がビヤホールで喧嘩し、灰皿、ビール瓶、グラスなどを破壊	
1954/4/4	北富士	山梨県南都留郡中野村山中部落	傷害	酒に酔った十数人の海兵隊同士が人種差別を原因として乱闘	
1954/4/7	大　津	大津市浜大津	傷害	酔った海兵隊員３名が40歳の男性に暴行を加え、顔に３週間の怪我を負わせる	
1954/4/8	阪　神	大阪府南河内郡志紀村	強盗	米軍キャンプ前でタクシーに乗った米兵２名が現金500円を強盗	
1954/4/11	大　津	大津市一帯	窃盗・器物破損	酔った海兵隊員が飲食店からフォーク、旅館から革靴を盗んだ上、５件の民家の窓ガラスを割る	

1954/4/11	北富士	山梨県南都留郡忍野村忍草	傷害	海兵隊員３名がカフェで客２名を棒きれで殴る	
1954/4/14	伊　丹	大阪市都島区	強盗	タクシー乗車中の２名の海兵隊員が乗務員を殴り現金3000円と時計を盗む	
1954/4/17	大　津	大津市浜大津	強盗	タクシー乗車中の５名の海兵隊員が運転手の首を絞め、さらに逃げた運転手を殴るなどして逃走	
1954/4/18	北富士	山梨県南都留郡忍野村忍草	傷害	海兵隊員６名が乱闘し、仲裁に入った日本人が殴られ全治１週間の傷を負う	
1954/4/21	奈　良	奈良市下清水町	窃盗	２名の海兵隊員が菓子店の神棚に供えてあった15000円が入った月給袋を盗んで逃亡	
1954/4/24	信太山	大阪市南区	窃盗	酒に酔った４名の海兵隊員が時計店で時価1000円の時計をわしづかみにして逃げる	
1954/4/24	奈　良	奈良市西寺林町	不法侵入	20歳の海兵隊員が呉服商のガラスを割り勝手口から侵入	
1954/4/28	岐　阜	岐阜県稲葉郡那加町新加納東町	強かん殺人	民家に侵入した20歳の海兵隊員が71歳の女性を強かんし、顔を殴るなどして殺害	起訴
1954/5/5	大　津	滋賀県高島郡今津町	窃盗	饗庭野演習場に演習に来ていた海兵隊員が時計店からギターを盗もうとした	
1954/5/6	大　津	滋賀県高島郡今津町栄町	窃盗	饗庭野演習場に演習に来ていた海兵隊員が電気店から懐中電灯を盗む	
1954/5/6	大　津	滋賀県高島郡今津町	窃盗	饗庭野演習場に演習に来ていた海兵隊員が民家から電池を盗む	
1954/5/7	横須賀	横須賀市汐入町	強盗致傷	海兵隊員が日本人と共謀して通行中のコロンビア海軍兵の顔面を石で殴打して現金などを奪う	
1954/5/8	奈　良	奈良市破石町	傷害	19歳の海兵隊員が仲の良い女性が男性と立ち話をしていたことに腹を立て男性を殴る	
1954/5/10	奈　良	奈良市三条通	窃盗	飲食店で550円の飲食をした４名の海兵隊員が100円だけを払って残金を踏み倒して逃走	

1954/5/19	北富士	山梨県南都留郡中野村山中	傷害	酔った海兵隊員３名が写真を撮ろうとした人３名を殴る	
1954/5/19	東富士	静岡県駿東郡御殿場前新橋	傷害	海兵隊員が接客婦に殴る蹴るの暴行を加え、全治２カ月の重傷を負わす	
1954/5/21	伊　丹	大阪府豊中市麻田	傷害	20歳の海兵隊一等兵が通行人を殴り、崖から突き落として全治１週間の怪我を負わせる	起訴
1954/5/29	東富士	静岡県駿東郡玉穂村滝ノ原	強盗	海兵隊員２名が飲食店の強盗に入り、現金、金属を奪って２名に暴行を加え、放火の上逃亡	
1954/5/31	北富士	山梨県南都留郡中野村山中	傷害	飲食店で女性と遊ぶことを断られた海兵隊員が暴れだし店主を殴る	
1954/6/2	北富士	山梨県富士吉田市下吉田３丁目	窃盗	キャンプを脱走した海兵隊員がビヤホールで財布や時計などを盗み逃走	
1954/6/5	大　津	滋賀県栗太郡太宝村花園	交通事故	海兵隊員の運転する乗用車が、18歳の青年をはねて全治15日間の怪我を負わせる	
1954/6/12	奈　良	奈良市上高畑町	傷害	バーで飲んでいた海兵隊員が「アメ公帰れ」と叫んで歩いていた大学生30人のうち２名を殴る	
1954/6/12	奈　良	奈良市鶴福院町	傷害	海兵隊員がカフェの女給に宿泊を断られたことに腹を立て殴る	
1954/6/16	東富士	静岡県駿東郡原里村	拳銃暴発	海兵隊員の拳銃が暴発し、いっしょにいた接客婦の女性が全治３カ月の重傷	
1954/6/21	信太山	大阪市住吉区山坂町	傷害	２名の海兵隊伍長が旅館で暴れビール瓶で２名を殴り、さらに国鉄田辺駅構内で警官に暴行	起訴
1954/6/24	堺	岐阜県山県郡春近村古市場地	交通事故	19歳の海兵隊員の運転するスクーターが衝突し、67歳の男性に重傷を負わせて逃走。翌日に犯人が判明	
1954/6/28	岐　阜	岐阜市柳ヶ瀬町	強盗傷害	２名の海兵隊員がタクシー営業所から車を乗り逃げし、見つけ出した職員に暴行を加える	
1954/7/2	奈　良	奈良県北葛城郡上牧村	強盗	タクシー乗車中の脱走海兵隊員が運転手にピストルを突き付けて現金2500円とタクシーを強奪	起訴

1954/7/2	岐　阜	岐阜県稲葉郡那加町桜町	器物破損	ビヤホールで酔った海兵隊員が暴れだし、レコードやコップを破壊	
1954/7/17	大　津	大津市蔵橋町	器物破損	海兵隊員が17日に飲食店の窓ガラスを割る	
1954/7/18	大　津	大津市蔵橋町	器物破損	18日に飲食店の窓ガラスを割った海兵隊員が今度は駐留軍労組事務所の窓ガラスを割る	
1954/7/18	奈　良	奈良市	強かん	キャンプに勤めていた女性が海兵隊員に強かんされる	
1954/7/21	奈　良	奈良市尼ヶ辻町	傷害	旅館の女性に相手にされないことに腹を立てた海兵隊員が女性を殴る	
1954/7/25	岐　阜	岐阜市中金町	交通事故	軽自動二輪車を酒を飲んで運転していた海兵隊員が小型乗用車を追い抜こうとして接触する	
1954/7/29	堺	大阪市浪速区勘助町	強盗致傷	２名の海兵隊員が路上でタクシー運転手を殴り料金約860円を踏み倒して逃走	起訴
1954/7/30	岐　阜	岐阜県稲葉郡那加町門前町	傷害	飲食店で海兵隊員が20歳の女性に因縁をつけて暴行を加える	
1954/8/2	堺	大阪市天王寺区勝山通	傷害	タクシー乗車中の２名の海兵隊員が運転手の首を絞める	
1954/8/5	岐　阜	岐阜県稲葉郡那加町大東町	強盗	女性と旅館に入った海兵隊員が女性のバックから3000円を盗み、返済を求める女性をナイフで脅す	
1954/8/5	岩　国	岩国市向今津	傷害	２名の海兵隊員が女性を川に投げ込み、全治10日の傷を負わせる	
1954/8/12	伊　丹	滋賀県大津市	器物破損	２名の海兵隊員が水泳場で大学生のボートを転覆させ、カメラなど３万2000円相当を破損	
1954/8/15	奈　良	奈良市奈良駅前	傷害	リンタク料金を踏み倒した海兵隊員が暴れまわり、かけつけた警官に噛み付く	
1954/8/15	北富士	山梨県南都留群中野村山中	傷害	２名の海兵隊員が観光用馬車にカンシャク玉を投げつけ、馬が暴れて１名が重傷を負う	起訴
1954/8/20	奈　良	奈良市押上町	傷害	カフェでなじみの女給が他の兵士と仲良くしていることを怒った海兵隊員が、女性を殴る	

1954/8/23	伊　丹	大津市尾花川町柳ヵ先水泳場	器物破損	２名の海兵隊員が大学生の乗っていたボートを転覆させ、カメラや腕時計など時価3200円相当に損害	
1954/8/26	北富士	山梨県南都留群忍野村忍草	窃盗	２名の海兵隊員がカフェからラジオを盗みジープで逃走	
1954/8/26	横須賀	横須賀市佐野町	強姦・強盗	３名の海兵隊がカフェのレジ係の女性を車に誘い、１時間半にわたって暴行を加えて現金4000円を奪う	起訴
1954/9/4	北富士	山梨県南都留中野村山中	放火	海兵隊員４名が、接客婦に断られたことに怒って放火	
1954/9/9	堺	大阪市住吉区杉本町	傷害	全駐労が開催した総決起大会に兵舎から２度にわたって投石があり組合員が頭に怪我	
1954/9/9	厚　木	神奈川県高座郡大和町下青柳	窃盗	海兵隊員がカフェなどから現金やラジオを盗む	
1954/9/13	大　津	大津市際川町	強かん	２名の海兵隊員がクリーニング店に押し入り、18歳の女性を殴り強かん。被害者はその後自殺未遂	起訴
1954/9/13	大　津	大津市北別所町	不法侵入	４名の海兵隊員が民家に侵入し、「女はいないか」と住民を脅して逃走	
1954/9/17	奈　良	奈良市田中町	傷害	カフェでダンスをしていた海兵隊員が、相手の女給に暴行を加える	
1954/9/19	堺	大阪市南区河原町	窃盗	３名の海兵隊員がタクシーにいたずらをしている間に売上金3700円の入った袋を持って逃げる	
1954/9/19	堺	大阪市浪速区元町	傷害	旅館の２階から海兵隊伍長がビール瓶を投げつけ、運転手に全治３週間の傷を負わせる	
1954/9/22	奈　良	奈良市浄言寺町	器物破損	旅館に宿泊中の海兵隊員が突然、暴れだし、旅館で飼っていたカナリア１羽を殺す	
1954/9/24	奈　良	奈良市西木辻町	器物破損	ホテルで酔った海兵隊員が暴れだし、壁や扉を壊す	
1954/9/24	奈　良	奈良市十輪院町	窃盗	海兵隊員がホテルで風呂に置き忘れてあった１万円相当の腕時計を盗む	

1954/9/24	奈　良	奈良市下三条町	窃盗	２名の海兵隊員が旅館から電気スタンドやスリッパなど500円相当を盗む	
1954/9/26	奈　良	奈良市橋本町	器物破損	酔った海兵隊員３名が、千代田生命奈良支社の窓ガラスを割る	
1954/10月	大久保	京都府宇治市キャンプ大久保	関税法違反	３名の海兵隊員がキャンプ倉庫からコーヒー豆を３回にわたって盗み出して小売業者に売却する	起訴
1954/10/6	大　津	滋賀県今津町	窃盗	饗庭野に演習に来ていた海兵隊員が深夜に町内を酔って騒ぎ民家の竹20本を切るなどした	
1954/10/7	東富士	静岡県御殿場町	強盗	キャンプからキャバレーまでタクシーに乗った海兵隊員ら３名が運転手を脅して運賃を踏み倒して逃走	
1954/10/8	大　津	滋賀県高島郡今津町下弘部	不法侵入	饗庭野に演習に来ていた海兵隊員３名が深夜に民家に侵入	
1954/10/8	大　津	滋賀県高島郡今津町下弘部	不法侵入	饗庭野に演習に来ていた海兵隊員２名が深夜に民家に侵入	
1954/10/8	大　津	滋賀県高島郡今津町下弘部	不法侵入	饗庭野に演習に来ていた海兵隊員２名が女性を探して深夜に民家に侵入	
1954/10/8	大　津	滋賀県高島郡今津町下弘部	不法侵入	饗庭野に演習に来ていた海兵隊員が深夜に民家に侵入	
1954/10/25	堺	大阪市杉本町	脱走	キャンプ兵舎から２名の海兵隊員が盗んだピストルで日本人警備員を脅して脱走	
1954/11/11	厚　木	横浜市戸塚区瀬谷町	強盗致傷	２名の海兵隊員が乗車していたタクシー運転手をなぐり、タクシーを奪って逃走	
1954/11/12	岐　阜	岐阜県稲葉郡那加町門前町	器物破損・傷害	ビヤホールで海兵隊員が電球を壊して従業員の女性に暴行を加え、入口のガラス戸を壊して逃走	
1954/11/14	東富士	静岡県駿東郡御殿場町	強盗	タクシーに乗車した海兵隊員２名が運転手を脅して現金を奪って逃走	
1954/11/23	奈　良	奈良市東向中町	窃盗	海兵隊員が電気器具販売店のオートバイを乗り逃げ	

1954/11/27	横須賀	横浜市南区永田町	窃盗	タクシーに乗車した２名の海兵隊員が運転手が釣銭を数えている間に1300円を盗んで逃げる	
1954/12/1	東富士	米軍キャンプ	脱走	ピストルを持った海兵隊員が部隊から脱走	
1954/12/7	堺	大阪市浪速区湊町	強盗致傷	２名の海兵隊員が22歳の行員を殴り、4000円相当の腕時計と定期入れを奪う	
1954/12/5	奈　良	京都市中京区三条堺町	強盗致傷	タクシー乗車中の海兵隊員が運転手を襲い首を絞める	
1954/12/9	奈　良	奈良市尼ヶ辻町	強盗致傷	タクシー乗車中の２名の海兵隊員が運転手の首を絞め、料金280円を踏み倒して兵舎に逃げ込む	
1954/12/12	厚　木	神奈川県高座郡大和町深見	交通事故	海兵隊員運転の乗用車がオートバイと正面衝突し、運転手にモモ骨折の重傷を負わす	
1954/12/12	横須賀	神奈川県高座郡大和町下草柳	窃盗	２名の海兵隊員が喫茶店からウィスキーを盗む	
1954/12/15	東富士	静岡県駿東郡御殿場町新橋	窃盗	２人組の海兵隊員が車庫からトラックを盗んで逃走	
1954/12/22	東富士	静岡県原田村	強盗未遂	タクシーに乗車した２名の海兵隊員が運転手の首をしめて逃走	
1954/12/27	大久保	京都府宇治市宇治	器物破損	酔った海兵隊員が民家２軒に侵入し、フスマやガラスを破壊して暴れる	
1955/1/2	堺	大阪市阿倍野区阿倍野筋	強盗致傷	２名の海兵隊員が乗車中のタクシーで運転手に暴行を加えて2000円を奪って逃亡	
1955/1/14	大久保	京都府宇治市大久保広野町	性犯罪・傷害	18歳の事務員の女性が帰宅中に背後から米兵に抱きつかれ、抵抗すると頬を殴られる	
1955/1/22	大久保	京都府宇治市大久保広野町	傷害	28歳の接客婦と24歳の海兵隊員がケンカとなり、それぞれ全治１週間の怪我を負う	
1955/1/23	岐　阜	岐阜県稲葉郡那加町桜町	傷害	２名の海兵隊員が20歳の女性を押し倒して顔や頭部を殴打し軽傷を負わせる	

1955/2/28	岐　阜	岐阜県稲葉郡那加町門前町	麻薬所持	22歳の海兵隊伍長が民家でモルヒネ３包・0.983グラムを所持しているのを発見され、検挙	起訴
1955/4/21	大　津	滋賀県高島郡今津町	傷害	公衆浴場で入浴中の母子に３人の海兵隊員が水を浴びせ、生後３カ月の女の子がショックのため不眠になる	
1955/4/22	大　津	滋賀県高島郡今津町今津	傷害	料理屋で２名の海兵隊員がジャックナイフを振り回して暴れ逃走	
1955/4/28	岐　阜	岐阜県稲葉郡那加町	窃盗	海兵隊一等兵が自転車を盗み、岐阜市内で質屋に売却しようとする	
1955/5/3	北富士	山梨県南都留郡中野村山中	傷害	ビヤホールで飲酒していた海兵隊員が女給２名に暴行する	
1955/5/29	堺	大阪市阿倍野区桃ヶ池	窃盗	食堂で３名の海兵隊員が飲食中の客の7000円相当の腕時計を奪って逃げる	
1955/6/15	東富士	静岡県御殿場市中山	放火	22歳の海兵隊員が泊まっていたカフェに放火	
1955/6/28	東富士	静岡県御殿場市	器物破損	カフェで遊んでいた海兵隊員が手榴弾数個を店内で爆発させる	

出典　『朝日新聞』（大阪本社）。『毎日新聞』（大阪本社）、『読売新聞』（大阪読売新聞社）、『朝日新聞』地方版（大阪、奈良、滋賀、京都、山梨、静岡、神奈川）、『毎日新聞』地方版（岐阜）、『読売新聞』地方版（大阪、奈良、滋賀、京都）、『神奈川新聞』、『奈良タイムス』、『新関西』、『新大阪』、『大阪日日新聞』、『滋賀新聞』、『京都新聞』、『都新聞』、『中部日本新聞』地方版（滋賀、岐阜、静岡）、『岐阜タイムス（夕刊東海）』、『山梨日日新聞』、『山梨毎日新聞』、『山梨時事新聞』、『静岡新聞』

注　発生場所の行政区域は当時のもの。交通事故のうち公務中と思われるものは「事故」に、公務外と思われるものは「犯罪」に分類した。軍種が明記されていない記事もあるが、海兵隊による事件・事故と明記されているものだけに限った。

【表１—２】駐留海兵隊による事故一覧（1953年８月～1955年６月）

年月日	所属	発生場所	種　類	内　容
1953/8/31	大久保	京都府宇治市伊勢田久世中学校	不法侵入	キャンプ大久保に移駐してきた海兵隊120名が隣接する中学校に侵入して軍事演習をおこなう
1953/9/1	大久保	京都府宇治市伊勢田久世中学校	不法侵入	前日に続き、海兵隊30名が中学校校内に侵入し軍事演習をおこなう

1953/9/17	北富士	山梨県富士吉田市	水道管破損	水道管を海兵隊ブルドーザーが破損させ、富士吉田市の1500戸が断水
1953/10月	北富士	山梨県富士吉田登山道	不法建設	海兵隊が勝手に道路を建設
1953/10/6	北富士	静岡県駿東郡須走村	交通事故	海兵隊トラックが運転を誤って18mの崖下に転落、2名が負傷
1953/10/12	岐阜	岐阜県稲葉郡那加町長塚本郷通	交通事故	海兵隊ジープと第七飛行戦隊所属の乗用車が接触し、電柱に衝突して電線を切断
1953/10/25	大久保	京都府久世郡城陽町宇治演習場	不発弾爆発	演習場内で拾った不発弾が爆発し小学生4名が負傷、1名は両眼失明
1953/11/5	追浜	神奈川県小田原市久野	航空機事故	追浜から大阪に向かっていた海兵隊ヘリコプターが日本専売公社小田原工場に不時着
1953/11/9	奈良	奈良市油坂町	交通事故	海兵隊ジープがオート三輪に衝突し、オート三輪運転手は全治1カ月
1953/11/18	伊丹	大阪府豊能郡箕面町	交通事故	積んであった積肥に海兵隊ジープが衝突し田んぼに転落、海兵隊員3名が重軽傷
1953/11/30	北富士	山梨県南都留郡中野村演習場付近	不発弾爆発	屑鉄を拾いに山林に入った男性が不発弾の爆発で死亡
1953/11/30	大津	滋賀県高島郡三谷村北生見	流弾	饗庭野演習場で演習中の海兵隊の流れ弾が民家2階のガラス窓を割る
1953/12/1	大津	滋賀県高島郡三谷村北生見	流弾	饗庭野演習場で演習中の海兵隊の流れ弾4発が民家ガラス戸や腰板などに当たる
1953/12/5	岐阜	岐阜県安八郡結村町屋通	航空機事故	海兵隊ヘリコプターがエンジンの故障で田んぼに不時着
1954/1/9	東富士	静岡県駿東郡原里村	不発弾爆発	演習場から拾って来た不発弾が爆発し1名が死亡
1954/1/24	奈良	奈良県宇智郡宇智村	航空機事故	海兵隊ヘリコプターが燃料切れとプロペラ破損のために宇智小学校校庭に不時着
1954/1/27	北富士	山梨県富士吉田市新屋	交通事故	海兵隊トラックが雪にハンドルをとられ民家の玄関に衝突して煙突や家屋を破壊
1954/2/7	大久保	京都府宇治市キャンプ大久保	火災	キャンプ大久保から出火し、事務室、浴場、倉庫など約90坪を焼く

1954/2/13	大津	滋賀県甲賀郡石部町	交通事故	大津から岐阜に向かっていた海兵隊ジープが橋に激突して車体を大破する
1953/3/19	マクギル	横浜市港北区池辺町	航空機事故	海兵隊ヘリコプターが空中分解して田んぼに墜落し搭乗員3名が死亡
1954/2/20	北富士	山梨県富士吉田市上吉田	交通事故	海兵隊トラックが16歳の少年をひき、重傷を負わす
1954/3/20	東富士	米軍東富士演習場内	不発弾爆発	立入解除の演習場内で薪拾いに出かけた親子が不発弾の爆発で死亡
1954/3/25	阪神	奈良県北葛城郡王寺町	交通事故	海兵隊ジープが24歳青年の運転するモーターバイクと衝突し、青年は骨折で全治3週間
1954/4/21	岐阜	岐阜県稲葉郡日置江村	交通事故	海兵隊乗用車が国道で自転車に乗っていた競輪選手をはね、全治10日間の怪我を負わせる
1954/4/24	岐阜	岐阜県稲葉郡鵜沼町	交通事故	海兵隊乗用車がトラックの後輪に接触し、トラックのヘッドライトを壊す
1954/5月	北富士	山梨県富士山吉田登山道中野茶屋東	森林破壊	海兵隊が恩賜林組合の幼樹植林地にトラックやブルドーザーを乗入れて幼樹などに被害
1954/5/2	奈良	奈良市法華寺町	交通事故	海兵隊ジープが6歳の男の子をはね、頭に1週間の傷を負わす
1954/5/4	北富士	山梨県富士吉田市下吉田絹屋町	不発弾爆発	キャンプマクネアから拾ってきた不発弾が爆発し古物商と6歳の女の子が怪我
1954/5/6	岐阜	岐阜市　岐垣国道	交通事故	海兵隊ジープが自転車を避けようとして用水路に転落し、2名の乗員が負傷
1954/5/10	岐阜	静岡県小笠郡河城村千駄ヶ原	航空機事故	エンジン故障で海兵隊ヘリコプターが不時着
1954/5/11	岐阜	岐阜市小熊町	交通事故	海兵隊中型ジープがオートバイをはね、運転手に全治1カ月半の重傷を負わす
1954/5/14	厚木	山梨県山中湖	航空機事故	キャンプマクネアで急降下爆撃訓練中の海兵隊ジェット機が山中湖に墜落し搭乗員1名が死亡
1954/5/14	北富士	山梨県富士吉田市上吉田	不発弾爆発	演習場から拾ってきた不発弾が爆発し16歳の中学生が重傷を負う
1954/5/16	大久保	滋賀県和邇村小野	交通事故	海兵隊トラックが他のトラックと接触事故を起こし、小川に転落
1954/5/20	岐阜	岐阜県安八郡神戸町	航空機事故	海兵隊ヘリコプターがエンジンの不調のため揖斐川岸に不時着

1954/5/26	岐阜	滋賀県野洲郡篠原村出町	航空機事故	海兵隊練習機が墜落し、乗員２名が死傷、送電線を切断し付近一帯が停電する
1954/6/15	堺	滋賀県坂田郡米原町米原	交通事故	33歳の男性がキャンプ堺のトラックにはねられ全治２週間の傷を負う
1954/7/1	伊丹	大阪府伊丹市伊丹八幡	航空機事故	海兵隊戦闘機が墜落し乗務員は死亡、民家２棟を半焼し、国鉄福知山線が一時不通
1954/7/4	岐阜	名古屋市岩塚町	航空機事故	小牧基地に向かっていた海兵隊ヘリが燃料がなくなり、中学校裏の埋立地に不時着
1954/7/10	岐阜	岐阜県稲葉郡那加町新加納	航空機事故	キャンプ岐阜を離陸した海兵隊ヘリがエンジン故障により田んぼに不時着
1954/7/19	大津	滋賀県大津市下坂本町	流弾	海兵隊が射撃演習をしていた南滋賀射撃場からの流れ弾によって走行中のトラックが被弾
1954/8/4	岐阜	岐阜県犬上郡川瀬村堀部	航空機事故	海兵隊ヘリコプターがマグネットの故障により路上に不時着
1954/8/8	マクギル	静岡県清水市駒越	交通事故	海兵隊ジープがオートバイと衝突し、ジープはそのまま雑貨店に飛び込み、４名が負傷
1954/8/18	大久保	京都府宇治市大久保町・久世郡佐山村	電話線切断	キャンプ大久保の水道管工事中に誤って電話線を切断する
1954/9/5	大久保	京都府久世郡城陽町宇治演習場	交通事故	演習場内でスピード超過のジープが転倒し、海兵隊員１名が死亡、１名が重傷を負う
1954/9/15	大津	滋賀県高島郡饗庭野村	交通事故	饗庭野演習場からの海兵隊トラックがバイクをはねて運転者に全治１カ月の怪我を負わせる
1954/9/20	大津	滋賀県滋賀郡堅田町本堅田	交通事故	饗庭野演習場に向かう海兵隊キャリアが人をはね全治１カ月の傷を負わせる
1954/9/21	大津	滋賀県高島郡三谷村追分	流弾	饗庭野演習場で演習中の海兵隊の流れ弾が民家の風呂場の窓ガラスを割る
1954/9/21	岐阜	静岡県榛原郡勝間田村勝田	交通事故	海兵隊の大型トラックがオート三輪と接触し、全治11カ月の傷を負わせる
1954/9/28	堺	滋賀県滋賀郡真野村真野	交通事故	海兵隊トラックが近江物産トラックに衝突し、近江物産トラックは前部を中破した

1954/10/2	大津	大津市近江神社参道	交通事故	海兵隊員の運転するジープが自転車をはね、運転者に全治２週間の怪我を負わせる
1954/10/10	東富士	静岡県駿東郡御殿場町新橋駅前大通	交通事故	海兵隊ジープが６歳の女の子をはね、そのまま逃走。女の子は全治１カ月の重傷
1954/10/13	追浜	横須賀市長沢海岸上空	航空機事故	２機の海兵隊ヘリコプターが空中で衝突し海上に墜落し、乗務員３名が死亡
1954/10/17	堺	静岡県浜松市新町	交通事故	海兵隊の大型ジープが自転車をはね、全治２週間の傷を負わす
1954/10/24	厚木	神奈川県高座郡大和町下草柳	交通事故	厚木航空隊乗用車が海兵隊トラックと小型タクシーに衝突し、日本人１名が全治１カ月の重傷
1954/10/26	堺	大阪府堺市耳原町	交通事故	海兵隊トラックがピクニック帰りの工場従業員の乗った観光バスと衝突し、22名が死傷
1954/11/18	大久保	京都府宇治市壱番町	交通事故	キャンプ大久保のトラックが自転車をはねて全治１カ月半の重傷を負わせて逃走する
1954/11/19	岐阜	岐阜県稲葉郡各務村前野	交通事故	分隊訓練中の海兵隊トラックが自転車預業の自転車置き場に突っ込む
1954/12/23	大津	京都府宇治市小倉壱ノ口	交通事故	キャンプ大津所属のジープが会社員の乗る自転車に衝突し全治２週間の傷を負わす
1954/12/30	堺	大阪市住吉区杉本町	火災	キャンプ堺内のサービスクラブ付近から出火し、平屋コンクリート製の同クラブ内部を焼く
1955/1月	北富士	山梨県富士吉田市	環境破壊	米軍の演習地から富士吉田市の水源地に汚水が流れ込む
1955/1/6	北富士	山梨県南都留郡中野村山中	不発弾爆発	キャンプマクネアから拾ってきた不発弾が爆発し２名が重傷、６名が軽傷
1955/1/15	奈良	奈良市油坂町	交通事故	海兵隊中型トラックが菓子店に突っ込む
1955/1/19	堺	大阪市生野区林寺新家町	交通事故	大阪市営バスが米兵トラックに追突され、トラックはそのまま逃げ去った
1955/1/19	岐阜	岐阜県不破郡関ケ原町今須	交通事故	海兵隊中型ジープが国道で遊んでいた６歳の女の子をはね、全治３カ月の重傷を負わす
1955/2/8	信太山	奈良県北葛城郡王寺町	交通事故	海兵隊ジープが自転車をはね、67歳の被害者は即死

1955/2/16	東富士	米軍サウスキャンプ内旧富士岡村中学	火災	旧富士岡村中学から出火して全焼し、米兵2名が病院へ搬送される
1955/2/28	東富士	静岡県御殿場市	交通事故	海兵隊ジープが自転車をはね、全治2週間の怪我を負わす
1955/3/1	伊丹	大阪市浪速区新川町	交通事故	海兵隊トレーラーがオートバイをひき、35歳の被害者は即死
1955/3/13	岐阜	岐阜県加茂郡下麻生町	交通事故	海兵隊中型ジープがトラックを追い越そうとしてスリップして接触、ジープは前部を小破した
1955/3/22	大津	滋賀県草津市矢倉	交通事故	海兵隊ジープが急停車したところ後続の自衛隊ジープが追突
1955/3/30	堺	滋賀県滋賀郡真野村	交通事故	一旦停止を怠った海兵隊大型トラックが土木建設会社トラックに衝突し、9名に重軽傷を負わす
1955/4/24	北富士	山梨県富士吉田市上吉田横町	不発弾爆発	演習場から拾ってきた不発弾が爆発し1名が重傷を負う
1955/5月	北富士	山梨県嶺開拓地幹線道路	演習被害	B地区からA地区への登山道越え実弾演習で、道路が破壊され74万8000円の被害
1955/5/3	北富士	山梨県南都留郡中野村山中	交通事故	前方の自動車を追い越そうとした海兵隊トラックが観光バスと衝突し、バスの乗客ら14名が重軽症を負う
1955/5/8	東富士	米軍ノースキャンプ内	不発弾爆発	12歳の男の子が演習場に無断侵入して不発弾で遊んでいると爆発し、全治1カ月の重傷
1955/5/17	東富士	静岡県東海道線　東田子の浦－原間	交通事故	海兵隊トラックが踏切で停止し、修学旅行列車と衝突、高校生ら2名が重傷のほか22名が負傷
1955/5/21	大津	京都府宇治市小倉小学校正門前	交通事故	キャンプ大津所属のジープが学校正門を出た小学生をはねて脳底骨折などの重傷を負わす
1955/5/25	北富士	山梨県南都留郡鳴滝村大田和地区	演習被害	海兵隊の実弾砲撃演習で林道や植林に被害
1955/6/4	北富士	山梨県富士吉田登山道	道路封鎖	演習中の海兵隊員が勝手に道路を封鎖し、救急車などが立ち往生する
1955/6/8	北富士	山梨県B地区周辺	演習被害	海兵隊の実弾砲撃演習で着弾地周辺に実弾の破片が飛び散る

1955/6/13	岐　阜	滋賀県彦根市宇尾町	航空機事故	キャンプ岐阜からキャンプ大津に向かっていたヘリコプターがエンジン故障のため犬上川原に不時着
1955/6/22	岐　阜	岐阜県	爆発物処理	午後2時過ぎ頃、キャンプ岐阜で爆発音が響き、民家の窓ガラスが割れるなどの被害が出る
1955/6/24	北富士	山梨県南都留郡鳴滝村	道路封鎖	演習中の海兵隊が天然記念物の風穴に通じる道路を封鎖し、観光客が立ち往生
1955/6/26	厚　木	東京南方海上	航空機事故	夜間レーダー訓練を終えて厚木基地に帰還途中の海兵隊ジェット機の燃料が尽き、墜落
1955/6/28	厚　木	東京都伊豆大島付近	航空機事故	大島付近で行方不明となった海兵隊ジェット機が大島三原山山腹に衝突しているのを発見
1955/6/28	厚　木	不明	航空機事故	海兵隊ヘリコプターが墜落し、乗員4名のうち1名が行方不明になる

出典　『朝日新聞』（大阪本社）。『毎日新聞』（大阪本社）、『読売新聞』（大阪読売新聞社）、『朝日新聞』地方版（大阪、奈良、滋賀、京都、山梨、静岡、神奈川）、『毎日新聞』地方版（岐阜）、『読売新聞』地方版（大阪、奈良、滋賀、京都）、『神奈川新聞』、『奈良タイムス』、『新関西』、『新大阪』、『大阪日日新聞』、『滋賀新聞』、『京都新聞』、『都新聞』、『中部日本新聞』地方版（滋賀、岐阜、静岡）、『岐阜タイムス（夕刊東海）』、『山梨日日新聞』、『山梨毎日新聞』、『山梨時事新聞』、『静岡新聞』

注　発生場所の行政区域は当時のもの。交通事故のうち公務中と思われるものは「事故」に、公務外と思われるものは「犯罪」に分類した。軍種が明記されていない記事もあるが、海兵隊による事件・事故と明記されているものだけに限った。

著者紹介

大内照雄（おおうち　てるお）

1965 年　大阪府高槻市生まれ
1989 年　大谷大学文学部社会学科卒業
著　書『米軍基地下の京都　1945 年～1958 年』（文理閣、2017 年）
論　文「米軍基地下の京都―占領から日米安保体制へ―」（『歴史評論』2019 年 6 月号、第 830 号）など

海兵隊と在日米軍基地
日本「本土」にあった沖縄

2020 年 4 月 10 日　第 1 刷発行

著　者　　大内照雄

発行者　　黒川美富子

発行所　　図書出版　文理閣
京都市下京区七条河原町西南角 〒600-8146
電話（075）351-7553　FAX（075）351-7560
http://www.bunrikaku.com

印刷所　　新日本プロセス株式会社

ISBN978-4-89259-864-7